图解
配电自动化系统实操

国网浙江省电力有限公司宁波供电公司　组编

中国电力出版社
CHINA ELECTRIC POWER PRESS

内容提要

配电自动化作为智能配电网的重要组成部分，是配电网实现智能化运检、调控和管理的基础平台。新一代配电自动化建设正在全国广泛开展，为帮助基层配电自动化从业人员更好地认识和了解配电自动化的最新技术和操作技能，在趣味中学习吸收配电自动化专业知识，提升建设运维的效率，国网浙江省电力有限公司宁波供电公司组织编写了《图解配电自动化系统实操》。本书主要分为综述、配电自动化建设、配电自动化运维以及配电自动化数据跨区共享 4 个模块内容，由实际应用场景切入，深入浅出地讲解了配电自动化专业工作所需的基础知识、操作方法、作业标准。

本书可供配电自动化专业管理者、运维工作者参考使用。

图书在版编目（CIP）数据

图解配电自动化系统实操／国网浙江省电力有限公司宁波供电公司组编 . —北京：中国电力出版社，2019.9

ISBN 978-7-5198-3730-3

Ⅰ．①图…　Ⅱ．①国…　Ⅲ．①配电自动化－自动化系统－图解　Ⅳ．① TM76-64

中国版本图书馆 CIP 数据核字（2019）第 211887 号

出版发行：中国电力出版社

地　　址：北京市东城区北京站西街 19 号（邮政编码 100005）

网　　址：http://www.cepp.sgcc.com.cn

责任编辑：刘丽平　王蔓莉（manli-wang@sgcc.com.cn）

责任校对：黄　蓓　马　宁

装帧设计：张俊霞

责任印制：石　雷

印　　刷：北京博图彩色印刷有限公司

版　　次：2019 年 12 月第一版

印　　次：2019 年 12 月北京第一次印刷

开　　本：880 毫米 ×1230 毫米　32 开本

印　　张：7.25

字　　数：139 千字

印　　数：0001—2000 册

定　　价：68.00 元

编审委员会

前言

　　本书是按照国家电网有限公司关于配电自动化建设、运维和管理要求，立足国网浙江省电力有限公司宁波供电公司新一代配电自动化建设和实用化的经验和成果编写而成。本书内容分为综述、配电自动化建设、配电自动化运维、配电自动化数据跨区共享四个篇章，由实际应用场景切入，深入浅出地讲解了配电自动化专业工作所需的基础知识、操作方法、作业标准，是配电自动化专业管理者、运维工作者不可多得的工具书、口袋书。

　　由于编者水平有限，疏漏之处在所难免，恳请各位领导、专家和读者提出宝贵意见。

本书编写组

2019 年 10 月

目录
CONTENTS

前言

第三篇

配电自动化运维

第四篇

配电自动化数据
跨区共享

附录

5200 常用指令
合集

第一篇　综述

供电公司大楼前

小高是国网宁波供电公司新入职的员工，在入职的第一天，他就收到了一封"配电自动化基础知识"的挑战信，你能帮助小高完成这次挑战吗？

CHAPTER
01

1. 配电自动化概述

2. 新一代配电自动化主站系统简介

📝 挑战任务

关于配电自动化，你究竟了解多少？
以下共有五道题，敢接受我的挑战吗？

问题一：（多选题）以下（　　）是配电自动化的作用。

A. 提供供电可靠性　　　　　　B. 提高设备利用率

C. 提高电能质量　　　　　　　D. 提高应急能力

问题二：（单选题）配电自动化以（　　）为核心？

A. 一次设备和网架　　　　　　B. 系统信息集成

C. 配电自动化系统　　　　　　D. 多功能通信方式

问题三：（多选题）新一代配电自动化主站系统由"一个支撑平台、二大应用"构成，其中，"两大应用"分别是指（　　）

A. 配电网运行监控　　　　　　B. 配电网运维检修

C. 配电网运行状态管控　　　　D. 配电网故障处理

问题四：（填空题）配电自动化是 ＿＿＿＿＿＿ 的基础和核心，是实现配电网发展和提升的重要手段。

问题五：（填空题）配电自动化是一项集 ＿＿＿＿＿＿＿＿、＿＿＿＿＿＿＿＿、＿＿＿＿＿＿＿＿、现代化设备及管理于一体的综合技术。

1. 配电自动化概述

1.1 配电自动化概念

配电自动化是一项集计算机技术、数据传输技术、控制技术、现代化设备及管理于一体的综合技术。

- 以一次设备和网架为基础
- 以配电自动化系统为核心
- 综合利用多种通信方式
- 与相关应用系统信息集成

 目的

- 实现对配电网的监测与控制
- 实现对配电网的科学管理

1.2 配电自动化作用

配电自动化是智能配电网的基础和核心，是实现配电网发展和提升的重要手段。

提高供电可靠性

在发生故障时迅速进行故障定位，采取有效手段隔离故障并对非故障区域恢复供电。

提高设备利用率

基于多分段多联络接线模式，在发生故障时采用模式化故障处理措施，从而提高设备利用率。

经济优质供电

通过对配电网运行情况的监视，掌握负荷特性和规律，制定科学的配电网络重构方案，优化配电网运行方式。

提高应急能力

因特殊情况在高压侧不能恢复全部用户供电的情况下，生成负荷批量转移策略，从而避免长时间大面积停电。

1.3 配电自动化的工作范围

- •配电
- •调控
- •配电自动化
- •电力通信

- •配电自动化建设改造
- •配电自动化建设维护
- •配电自动化建设运行

- •配电主站运行
- •配电主站维护
- •配电终端运行
- •配电终端维护

相关专业　　　　　工作内容　　　　　工作模块

由于配电自动化系统和设备品牌、型号众多，为兼顾本书内容的通用性和简洁性，本书介绍的配电主站操作以较为典型的新一代配电自动化主站系统——OPEN5200为例，可为配电自动化工作者提供参考或指导。

1.4 配电自动化的发展趋势

简要说明：

- 配电自动化建设改造运营应坚持因地制宜的原则
- 支持基于 IEC 61968 标准的信息交互
- 自愈是智能电网的重要特征
- 应能接入并科学管理分布式电源

2. 新一代配电自动化主站系统简介

新一代配电自动化主站系统是根据国家电网有限公司设备部建设"两系统一平台"新一代配电自动化主站任务要求，以"做精智能化调度控制，做强精益化运维检修，信息安全防护加固"为目标，基于"新一代"主站系统架构，采用"大数据、云计算"技术构建的"一体化"配电自动化系统。

新一代配电自动化主站系统具有三大特点：

• **安全接入：** 配电终端配置安全芯片，通过安全接入区接入配电自动化主站。主站系统采用国产数据库、操作系统，核心设备（服务器、网关、隔离、交换机等），提升了信息安全水平。

• **信息互联：** 与省公司统建的Ⅳ区"云平台"互联互通，通过"大云物移"技术深入挖掘配电自动化数据的价值、与营销系统等多方面数据进行综合分析研判，为提升供电服务水平提供强大的数据支撑。

• **地县一体：** 将市本级及其余县公司配电自动化数据整合至一套系统中，实现地、县级公司数据资源、技术资源、设备资源共享。

2.1 系统架构简介

1. 总体硬件架构

新一代配电自动化主站系统采用"1+N+X"部署方式，市公司建成具备地县一体功能的配电自动化主站，县公司建成新一代配电自动化分布式子系统，能够跨地市生产控制大区与省公司管理信息大区，实现配电网全覆盖，全面服务于配电网调度运行和运维检修业务。

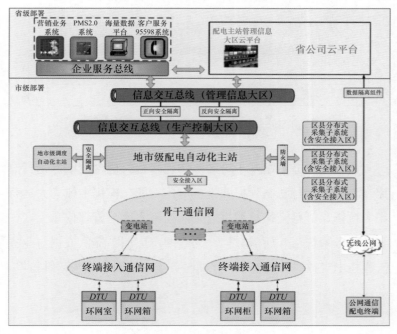

▲ 建设架构图

2. 总体软件架构

新一代配电主站系统由"一个支撑平台，二个应用"构成。

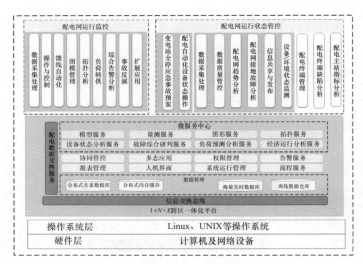

▲ 配电自动化系统主站功能组成结构图

新一代配电主站基于跨区一体化平台，包含配电网运行监控与配电网运行状态管控两大类应用功能。应用主体为大运行与大检修，信息交换总线贯通生产控制大区与管理信息大区，与各业务系统交互所需数据，为"两个应用"提供数据与业务流程技术支撑；"两个应用"分别服务于配电网调控与运维检修。

📝 任务报告

亲，任务挑战报告已新鲜出炉，赶紧来围观！！

问题一：（多选题）以下（　　）是配电自动化的作用。

A. 提高供电可靠性　　　　　B. 提高设备利用率

C. 提高电能质量　　　　　　D. 提高应急能力

【答案】ABD

【解析】配电自动化的作用包括提高供电可能性、提高设备利用率、经济优质供电和提高应急能力。

问题二：（单选题）配电自动化以（　　）为核心？

A. 一次设备和网架　　　　　B. 系统信息集成

C. 配电自动化系统　　　　　D. 多功能通信方式

【答案】C

【解析】配电自动化是以一次设备和网架为基础，以配电自动化系统为核心，综合利用多种通信方式，与相关应用系统信息进行集成的技术。

问题三：（多选题）新一代配电自动化主站系统由"一个支撑平台、二大应用"构成，其中，"两大应用"分别是指（　　）。

A. 配电网运行监控　　　　　B. 配电网运维检修

C. 配电网运行状态管控　　　D. 配电网故障处理

【答案】AC

【解析】新一代配电主站基于统一支撑平台，包含配电网运行监控与配电网运行状态管控两大类应用功能，由"一个支撑平台、二大应用"构成，其中，"两个应用"分别服务于配电网调控与运维检修。

问题四：（填空题）配电自动化是 _____ 的基础和核心，是实现配电网发展和提升的重要手段。

【答案】智能配电网

【解析】配电自动化是智能配电网的基础和核心，是实现配电网发展和提升的重要手段。

问题五：（填空题）配电自动化是一项集 _____、_____、_____、现代化设备及管理于一体的综合技术。

【答案】计算机技术　数据传输技术　控制技术

【解析】配电自动化是一项集计算机技术、数据传输技术、控制技术、现代化设备及管理于一体的综合技术。

第二篇　配电自动化建设

完成第一阶段的挑战任务！

现在，小高终于可以正式接触配电自动化的建设工作了。但在这个过程中，小高总是状况百出，接下来，你还需要加把劲帮助小高完成第二道关卡测试哦。

CHAPTER
02

1. 图模导入

情景分析

没有导入小区配电房图模信息会导致系统无法调出现场设备信息。因此，新上传的站点图模信息要及时导入系统，保证需要时正常查询。

✍ 1.1 任务设置

🕐 时　　间：小高入职第二天。

📋 任务描述：小高领到的第一份任务，是进行小区配电房的图模信息导入。前期小高完成得十分顺利，但在进行单线图导入时，却遇到了困难。

◎ 任务目标：请你协助小高顺利完成主网和配电网图模信息导入。

⊕ 1.2 任务实施

1.2.1 主网图模导入步骤

主网图模异动时，应先导入模型，再导入图形。

1.2.1.1 主网模型导入

步骤一

通过"cimxml_importor –fac"命令或点击相应链接，打开主网模型导入程序。

步骤二

点击 **5** ，进行用户登录。

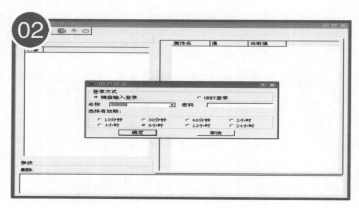

步骤三

点击 **⬛** ，打开主网模型存放的目标文件夹；选择需要导入的模型文件；点击"open"。

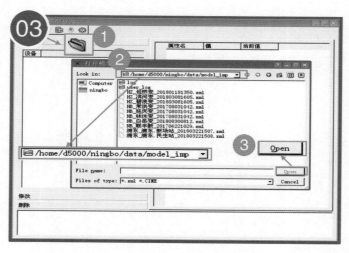

小贴士

模型存放路径：

"/home/d5000/ 地 市 名（地 市
名拼音）/data/model_imp"。

步骤四

根据提示打开主网模型文件，并对主网模型进行解析。

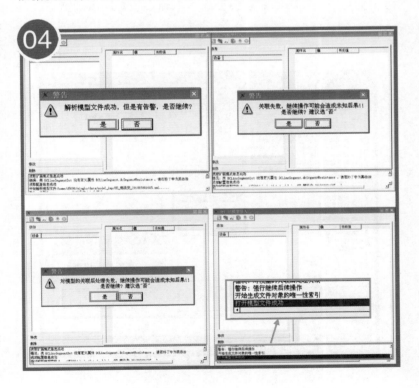

小贴士

文件解析过程中可能会弹出若干提示窗，点击"是"即可。

步骤五

点击 ▣ ，对新旧主网模型进行比较（比较操作时间略长，请耐心等待）；比较完成后，左侧会出现增删改的模型数量，可以点击查看；点击 ⬇ ，开始模型导入，等待导入完成即可。

小贴士

1. 若图模导入失败，则检查错误信息，查看失败原因。

2. 图模导入成功后，建议再次进行比较差异、导入模型操作，直到比较差异中无关键设备增加和修改为止。

1.2.1.2 主网图形导入

步骤一

通过"cim_svgimp_cmd –ui"命令或点击相应链接，打开主网图形导入程序。

步骤二

点击 登录，进行用户登录。

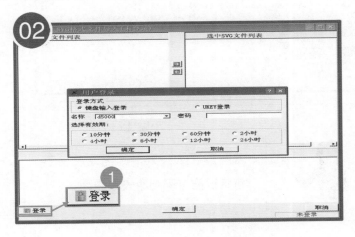

步骤三

选中需要导入的厂站图形；点击  将图形文件移至右侧待导入列表，点击"确定"进行图形导入。

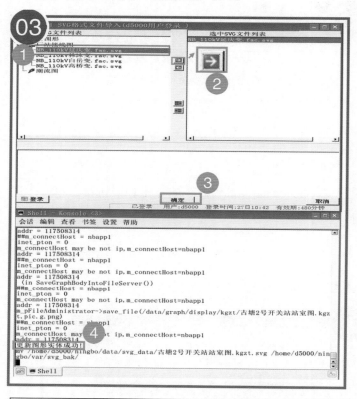

小贴士

若图形导入失败，则需在后台查看错误信息来判断失败原因。

1.2.2 配电网图模导入步骤

1.2.2.1 单线图导入步骤

1. 红图导入

步骤一

通过"dms_g_manager"命令，打开配电自动化系统红黑图管理界面，进行用户登录。

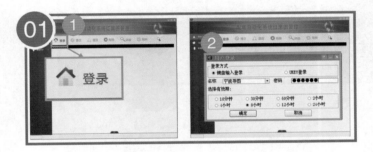

小贴士

红黑图流程共有导图、审核、投运 3 个步骤。导图步骤是进行图模导入，审核步骤是进行图模正确性、完整性确认，投运步骤是进行图模投运。

步骤二

登录界面后，点击 🔄 刷新 。如果有新图模上传至主站，则左下
角按钮显示红色并闪烁，点击该按钮，弹出任务管理界面。

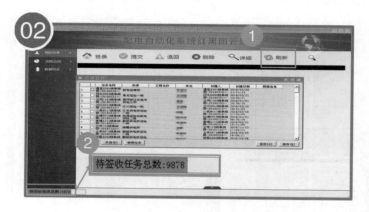

步骤三

选中任务管理中的某一任务，点击"签收"。

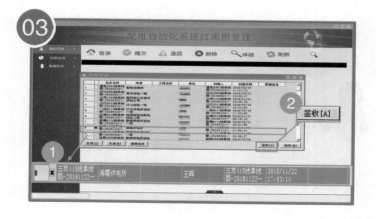

步骤四

在红黑图管理界面可以看到签收的任务信息，双击该任务，在
界面下方查看任务详细信息；选中 SVG 文件；单击"图形预览"，
预览图形。

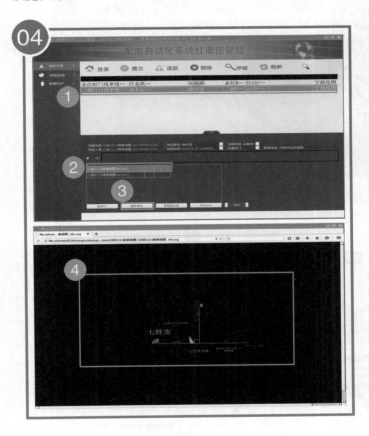

步骤五

确认图形正确后,点击"图模导入",进行下一步工作。

步骤六

选中需要导入的图模记录;点击 ▶ 将其移至右侧待导入列表,
点击 ▶ ,进行图模导入。导入时需对图模的"调试责任区"
进行配置。

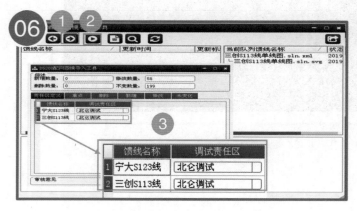

步骤七

图模导入成功会在导图界面展示。

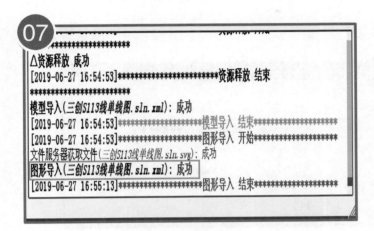

步骤八

在红黑图管理界面单击"提交",将任务提交至下一环节用户。

2. 红图审核

步骤一

用户登录。

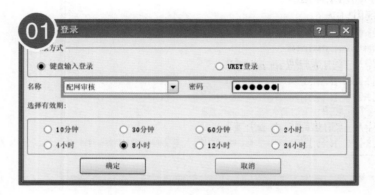

步骤二

单击 ⟲ 刷新，进行新任务签收。

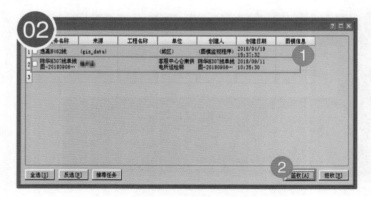

步骤三

双击新任务，查看任务详细信息。选择 SVG 图形文件；单击"图形预览"查看图模导入后的效果，其中新增及修改的设备会在图上闪烁加以提醒。

没有新增及修改设备图时，如下图所示。

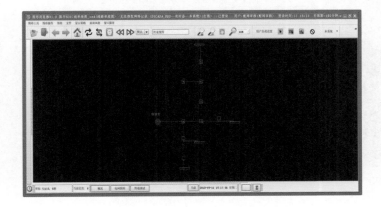

有新增及修改设备图时，如下图所示。

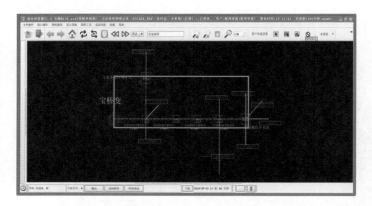

步骤四

图模信息确认后，在红黑图管理界面将任务提交至下一环节。

3. 红图投运

步骤一

用户登录。

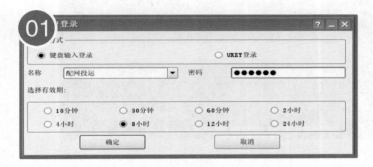

步骤二

单击 刷新 ，进行新任务签收。

步骤三

双击新任务，查看任务详细信息，并提交。

步骤四

当有新任务提交时，图形界面右上角出现 ▉▉ 按钮并闪烁，用以提醒用户进行任务确认。

小贴士

当使用红图投运账号登录时才会出现新任务提示。

步骤五

单击 ▇▇▇ ，弹出红图投运对话框，查看新提交的任务信息。

步骤六

双击任务信息，系统远程调阅并展示待投运的对应图像，同时背景显示"红图"字样。

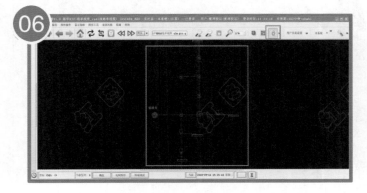

步骤七

在确认图模完整、正确的情况下，单击 ，弹出线路投运对话框；选中需投运的馈线，点击"红转黑"进行红图投运。投运成功则弹出"红转黑成功"提示框。

小贴士

投运完成后，需在实时态下确认该幅单线图已成功投运。

1.2.2.2 站室图、站间联络图、系统图导入步骤

由于 PMS2.0 系统中模型信息保存在单线图中，因此站室

图、站间联络图、区域系统图不需要再次上传模型文件，导入
SVG 格式图形文件后模型即会自动关联。

步骤一

通过"cim_svgimp_pms_app –ui"命令或点击相应链接，打开配
电网图形导入程序；单击 ▓登录 ，进行用户登录。

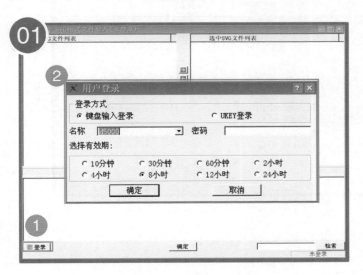

步骤二

选中需要导入的图形；点击  将图形文件移至右侧待导入列表，点击 "确定" 进行图形导入。

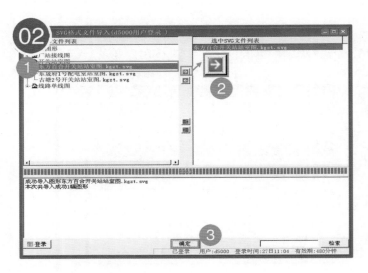

小贴士

图形导入是否成功需在后台查看。

1.3 小编经验

如果拓扑异常，需核查数据库中节点信息。

若 PMS2.0_ID 重复，导致导图失败，需检查数据库中是否有重复数据，若重复则需删除。

设备名称过长或 feeder_id 为空，会导致导图失败。

不同站点名称重复，会出现该站点图形被新上传的同名图形覆盖的现象。

📝 1.4 任务挑战

问题一：（填空题）红黑图流程步骤包括红图导入、红图审核和_____。

【答案】红图投运

【解析】知识点——单线图模导入步骤

单线图模导入的步骤包括：红图导入、红图审核和红图投运3个环节内容。

问题二：（多选题）以下（　　）会导致单线图导图失败。

A.PMS2.0_ID 重复　　　　　　B. 站点名称重复

C. 设备名称过长　　　　　　　D.feeder_id 为空

E. 导图进程闪退　　　　　　　F. 模型文件过大

【答案】ACDE

【解析】知识点——单线图导图失败原因

（1）若 PMS2.0_ID 重复，导致导图失败，需检查数据库中是否有重复数据，若重复则需删除。

（2）设备名称过长或 feeder_id 为空，会导致导图失败。

问题三：（单选题）打开主网模型导入的指令是（　　）

A.cimxml_importor – fac　　　　B.cim_svgimp_cmd – ui

C.cim_svgimp_pms_app – ui　　　D.cim_svgimp_pms_acd – ui

【答案】A

【解析】知识点——终端指令

（1）主网模型导入指令：cimxml_importor –fac。

（2）主网图形导入指令： cim_svgimp_cmd –ui。

（3）配电网图形导入指令：cim_svgimp_pms_app –ui。

2. 终端加密配置

✎ 2.1 任务设置

🕐 时　　间：小高入职第五天。

🗒 任务描述：小高收到了师傅布置的任务——终端调试，但终端调试是什么？究竟该从哪里入手？如何操作？小高对此感到十分茫然。

◎ 任务目标：请你协助小高进行解答，并与他共同进行本次终端配制加密工作。

◉ 2.2 任务实施

目前新一代配电自动化主站系统建设要求终端采用芯片加密方式接入，加强了终端通信的安全性。以珠海许继 WPZD–163 为例介绍终端加密配置操作步骤。

2.2.1 准备工作

步骤一

连接终端网口 1 与笔记本电脑网口，同时连接 USB 串口转换器和终端串口 1，打开 FA1080 调试软件，点击"连接网络 104"，打开维护端口，连接 XJDEBUG，读取终端配置，连接后点击"网络 104"，点击"101/104（扩展 K）"，点击"参数定值配置"。

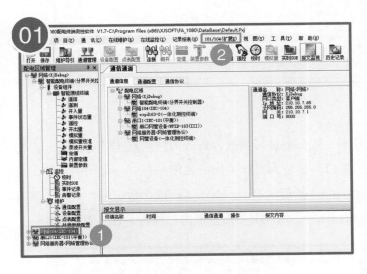

步骤二

选中全部参数信息，右键，点击"查询"，确认"终端 ID 号"后 10 位是否与终端设备铭牌上产品编号一致。

步骤三

若编号不一致，则进行修改。修改方法：点击"通讯"，点击"维护端口"，分别操作关闭—关闭—打开—关闭—关闭，点击"101/104（扩展 K）"，点击"读取参数定值配置"，修改为正确的 ID 号，勾选全部信息点击"预置下发、固化定制"。

步骤四

打开"维护端口"，连接 XJDEBUG，读取装置参数，点击"查询"，将加密模式数值由 0 改为 2，点击右键下发，完成后断开 FA1080 中所有连接。

步骤五

接上 USB 转串口线和串口调试线，将串口调试线的 TX、RX、GND 对应终端通信端子上的 TX、RX、GND，即通信端子的 1、2、3。

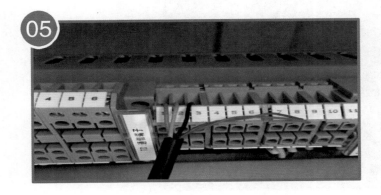

2.2.2 导入证书

步骤一

插上测试用 USB KEY 打开配电终端证书管理工具，输入密码。

步骤二

点击"选项"，点击"端口配置"，修改参数。

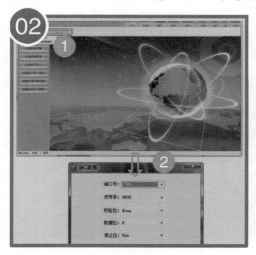

小贴士

此处的端口号是指 USB KEY（或安全开发套件读卡器）插在调试电脑上的端口。

步骤三

校验位 Even 为偶校验，此处和数据库配置中均选择偶校验。在 USB 转串口线插在电脑上的情况下点击"我的电脑"，右键，点击"管理"，选中"设备管理器"，选中端口，进行查看。

右键属性，点击端口设置，9600,8,1，偶校验

步骤四

连接成功后，点击"终端身份认证"，认证成功后点击"选项"，点击"基础信息维护"。

步骤五

根据实际情况，在"行政区划""网省公司"中添加对应信息。

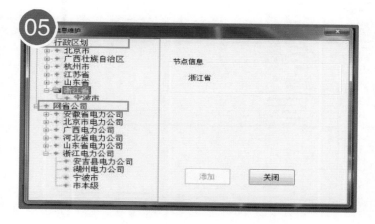

步骤六

点击"终端信息采集",读取终端基本信息,填写联系人与联系
电话（再次确认终端序列号后 10 位与终端设备铭牌是否对应）。

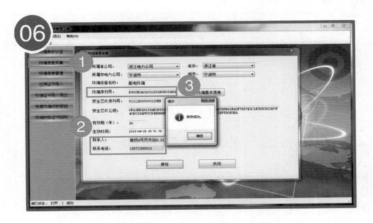

步骤七

点击"终端信息管理",点击"查询",勾选需要导出的配置
信息,点击"导出"。

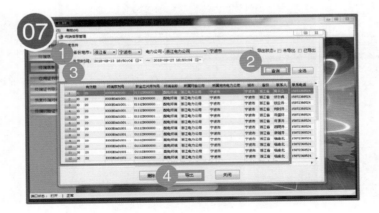

小贴士

证书请求文件可批量导出。

步骤八

导出文件，保存，此文件用于证书申请。

步骤九

证书导出完成后，关闭配电终端证书管理工具，插入正式
USB KEY，打开"配电终端证书管理工具"，输入密码，连
接成功后，选择"应用证书导入"，完成正式证书导入。

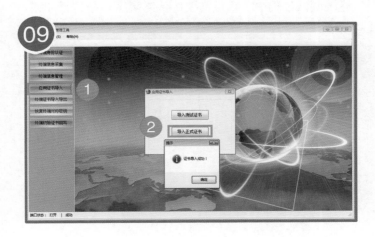

步骤十

终端掉电重启后加密生效。

✑ 2.3 小编经验

终端调试过程中，重点需要确认终端序列号是否和铭牌号对应。

📝 2.4 任务挑战

问题一：（单选题）目前新一代配电自动化主站系统建设要求终端采用（　　）加密方式接入。

A. 芯片　　　　　　　　　　B. 对称

C. 非对称　　　　　　　　　D. KEY 盘

【答案】A

【解析】知识点——终端加密方式要求

目前新一代配电自动化主站系统建设要求终端采用芯片加密方式接入，加强了终端通信的安全性。

问题二：（填空题）终端序列号后 10 位需与（　　）对应。

【答案】终端设备铭牌号

【解析】知识点——终端序列号。

终端调试过程中，重点需要确认终端序列号是否和铭牌号对应。

问题三：（单选题）导入正式证书需使用（　　）。

A. 芯片　　　　　　　　　　B. 口令卡

C. 磁卡　　　　　　　　　　D. USB　KEY

【答案】D

【解析】知识点——正式证书导入方法

证书导出完成后，关闭配电终端证书管理工具，插入正式 USB　KEY，打开"配电终端证书管理工具"，输入密码，连接成功后，选择"应用证书导入"，完成正式证书导入。

3. 安全接入区配置

情景分析

安全接入区是利用隔离设备从物理上把主站网络与终端隔离开来的终端接入系统。该系统配合纵向加密装置与安全交互网关对终端进行多重认证，以达到防止外部网络入侵的目的，从而保证主站安全。

3.1 任务设置

时　　间：小高入职一周。

任务描述：入职一周的小高开始接触安全接入区的配置工作。虽然是第一次尝试，但小高却是信心满满地准备开工了。

任务目标：完成安全接入区数据交互、系统启停、加密配置等工作。

3.2 任务实施

安全接入区是配电终端连接主站的安全中转系统。安全接入区没有实时库，只有共享内存，其主要组成设备为物理隔离装置、专网采集服务器与数据采集交换机等。其中，专网采集服务器用来与终端进行连接，并通过配合物理隔离装置实现终端与前置服务器交互数据的转发功能。

为保障主站信息安全，正式投运的配电网终端会采用加密方式接入主站系统。主站侧安全接入区部署的配电安全交互网关负责对终端进行身份认证，网关只允许已导入证书或者已添加至放行策略中的终端与主站进行通信。主站Ⅰ区部署的纵向加密装置对终端及上下行报文进行解密或加密处理。

3.2.1 安全接入区典型结构

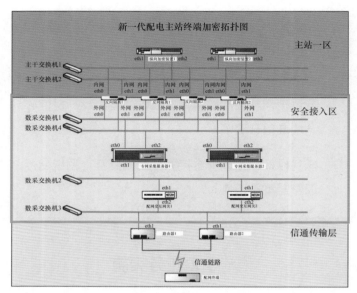

▲ 建设架构图

3.2.2 数据交互

3.2.2.1 安全接入区与Ⅰ区的数据交互

1. 数据交互

Ⅰ区的通道表、前置配置表中配置发生变化时，会将消息发到安全接入区。如修改某通道 IP 地址，会将消息发至安全接入区，更新安全接入区共享内存中的通道 IP 地址。

安全接入区接管的通道状态、前置机状态发生变化时，会将消息同步到Ⅰ区。如某通道的通道工况变化，会将消息返回到Ⅰ区，更新Ⅰ区通道表中的通道工况。

2. 上下行报文交互

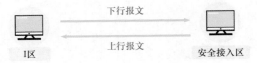

3.2.2.2 安全接入区与 I 区的数据交互对应目录

1. 安全接入区到 I 区的数据交互目录

上行报文　从目录：安全接入区/var/saa edata/exter exp/I区前置机名
　　　　　　　到目录：I区/var/saa edata/inter imp

前置机状态　从目录：安全接入区/var/saa_edata/exter_exp/I区前置机名
　　　　　　　　到目录：I区/var/saa_edata/inter_imp

通道状态　从目录：安全接入区/var/saa_edata/exter_exp/I区前置机名
　　　　　　　到目录：I区/var/saa_edata/inter_imp

2. I 区到安全接入区的数据交互目录

下行报文　从目录：I区/var/saa_edata/down_report_exp/安全接入区前置机名
　　　　　　　到目录：安全接入区/var/saa_edata/down_report_imp

前置机配置　从目录：I区/var/saa_edata/fes_config_exp/
　　　　　　　　到目录：安全接入区/var/saa_edata/inter_imp/

通道配置　从目录：I区/var/saa edata/_channal_info_exp/安全接入区前置机名
　　　　　　　到目录：安全接入区/var/saa_edata/_channal_info_imp

3.2.3 安全接入区系统启停

3.2.3.1 安全接入区启停

1. 启动方式

2. 停止方式

3.2.3.2 Ⅰ区前置服务器启停

1. 启动方式

2. 停止方式

3.2.4 加密配置

3.2.4.1 加密规约程序配置

1. 启动方式

把纵向加密装置厂家提供的加密动态库程序 ibHsmPriDll. so 部署在源码机和前置服务器 lib 目录下，在源码机上编译出加密规约程序 dfes_prot_jm104 并分发至前置服务器。

3.2.4.2 前置服务器配置文件

配置文件名称：enc_hsm.conf

配置文件路径：/home/d5000/ 地区名 /conf/

配置文件内容样例：

> 样例
>
> 192.168.100.1（纵向加密装置 IP，按照主站 I 区 IP 规划配置）
>
> 8008（纵向加密默认端口，如有调整，需改成相应端口）

3.2.4.3 纵向加密装置配置

由纵向加密装置厂家配置加密装置 IP 地址和服务端口，将前置服务器 IP 添加至纵向加密装置白名单中（纵向加密装置只响应白名单中服务器的连接请求），再配置加密装置加密服务，开机自启。

3.2.4.4 终端证书管理

（1）使用终端证书管理工具配合终端测试 USB　KEY 从 DTU 导出证书请求文件（.req 格式）。

（2）将正式 USB　KEY 插入终端，导入相关文件。

（3）将证书请求文件提交至证书签发方，由签发方签发证书文件（.cer 格式）。

（4）签发证书导入主站，对终端证书重新命名，命名规则为"通道号 .cer"。例如终端对应的通道号为 1，对应的证书文件名为：1.cer，证书文件存放路径：dfes_bin/log/。

（5）证书导入网关。使用配电安全交互网关管理工具（需配合 USB　KEY、用户名、密码验证登录）将签发的证书导入网关并进行相应配置，确保终端 IP 和数据采集服务器 IP 为同一网段。

3.2.5 参数配置

具体配置方式详见 4.2.2 参数配置。

☆ 3.3 小编经验

若主站不发送加密报文，可查看加密规约进程是否运行、通道所属系统定义是否正常等。

若报文提示签名错误，可查看纵向加密装置端口能否连接、导入主站的证书是否有误等。

若主站接收不到终端的上行报文或报文响应时间较长，可查看隔离装置传输文件有无异常，并检查前置服务器能否解析反向隔离装置传回的 E 文件。

📝 3.4 任务挑战

问题一：（单选题）安全接入区启动执行（　　）脚本。

A.stop.sh

B.stop.sv

C.start.sh

D.start.sv

【答案】C

【解析】知识点——安全接入区启停

安全接入区启动执行脚本：start.sh。

安全接入区停止执行脚本：stop.sh。

问题二：（单选题）I 区前置服务器停止执行（　　）脚本。

A.sys_ctl stop

B.sys_ctv stop

C.sys_ctl　start down

D.sys_ctv　start down

【答案】A

【解析】知识点—— I 区前置服务器启停

I 区前置服务器启动执行脚本：sys_ctl start down

I 区前置服务器停止执行脚本：sys_ctl stop

问题三：（多选题）安全接入区的主要组成设备包括（　　）。

A. 物理隔离装置

B. 物理联通装置

C. 专网采集服务器

D. 数据采集交换机

【答案】ACD

【解析】知识点——安全接入区组成设备

安全接入区没有实时库，只有共享内存，其主要组成设备为物理隔离装置、专网采集服务器与数据采集交换机等。

4. 站点信息联调

情景分析

　　小高采用手工录入设备信息，效率低下，经小超指导使用点号录入工具后，工作效率大幅提升，迅速完成了工作。

✍ 4.1 任务设置

⏰ 时　　间：小高入职半个月。

📋 任务描述：小超因临时有事，向小高匆匆介绍了点号录入工具的使用方法后，需要他帮忙完成本次的站点信息联调工作。

◎ 任务目标：请与小高一起完成点号录入、参数配置等信息联调工作。

◎ 4.2 任务实施

信息联调的目的是确保终端与主站信息一致。信息联调共分为 4 步：点号录入、参数配置、光字牌制作、遥信遥测对点。

4.2.1 点号录入

步骤一

通过"dms_create_dot"命令，进入点号生成工具主界面。

步骤二

在点号生成工具主界面，输入开关站首字母，选中对应开关站。

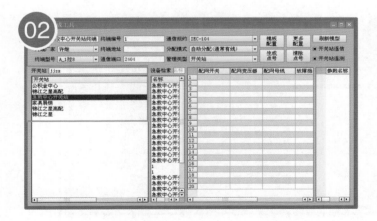

步骤三

拖动自动化改造间隔信息至对应框格。

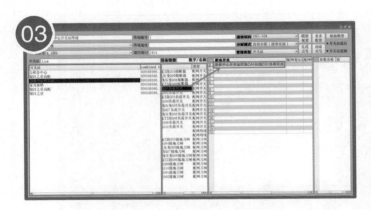

步骤四

点击"生成点号";弹出对话框,继续点击"生成点号";点击"是",完成点号录入操作。

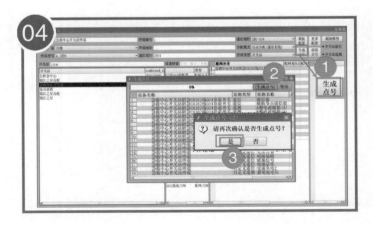

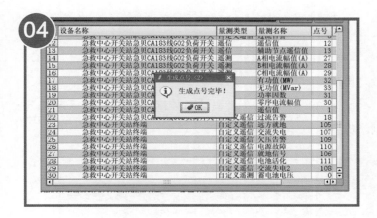

4.2.2 参数配置

步骤一

通过"dbi"命令，进入实时态数据库操作界面，点击 ▦ 进行用户登录。

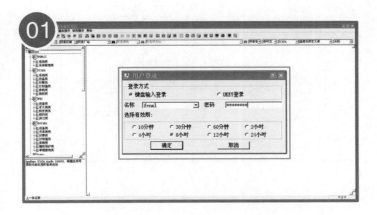

步骤二

选中"DSCADA—设备类—配电网终端信息表"双击对应记录序号，修改"所属厂家""所属区域""配电终端运行模式"和"终端编号"，确保终端编号在数据库中唯一；点击 进行网络保存。

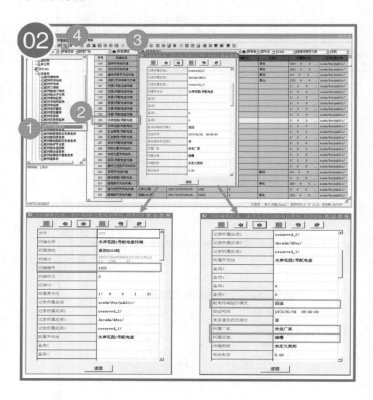

步骤三

"DFES—设备类—配网通道表"配置：选中"DFES—设备类—配网通道表"，双击对应记录序号进行配置，点击 🔲 进行网络保存。

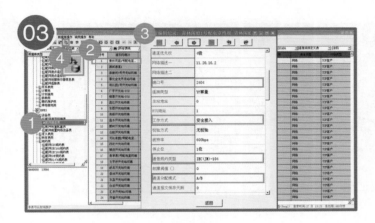

具体配置如下：

- 通道类型：网络
- 网络类型：TCP 客户
- 网络描述：终端 IP 地址
- 端口号：2404
- 工作方式：安全接入
- 通信规约类型：IEC(JM)-104/ IEC—104
- 通道分配模式：A/B
- 所属系统：选择各自系统

步骤四

选中"DFES—规约类—配网 IEC 104 规约表";双击对应记录序号;弹出的对话框中配置"对称密钥索引""非对称密钥索引"和"规约细则",点击 📑 进行网络保存。

4.2.3 光字牌制作

步骤一

通过"GExplorer –login"命令,进行用户登录。

步骤二

单击 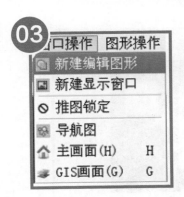 ，输入图形名称，打开图形。

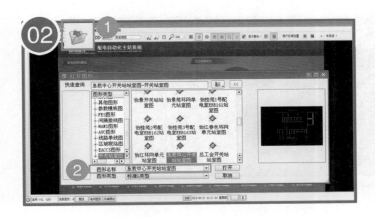

步骤三

点击"窗口操作—新建编辑图形"，打开图形编辑界面。

步骤四

调整图幅大小。

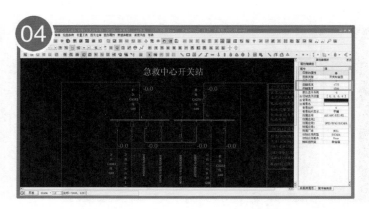

步骤五

点击 ，点击"新增平面";选中相关选项,点击"确定"进入第 1 平面。

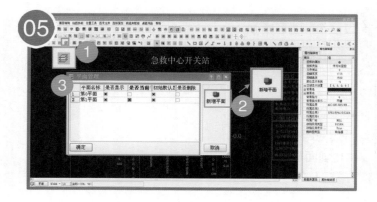

步骤六

图元菜单中选择合适的图元，制作遥信关联信号。

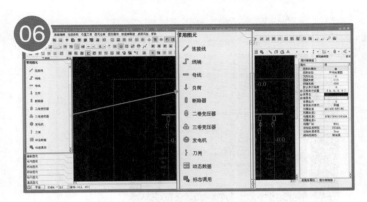

遥信关联

步骤七

选中信号图元，点击右键，打开检索器。

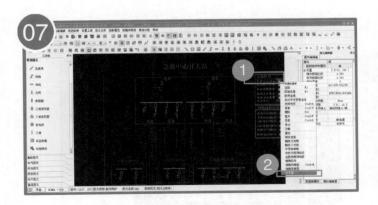

步骤八

选中"配网保护节点表"中对应间隔信息，域类型选择"遥信""值"，将设备信息拖至图元进行信号关联。

步骤九

选中"配网测点遥测表"中对应遥测信息，域类型选择"遥测""值"，将设备信息拖至图元进行关联。

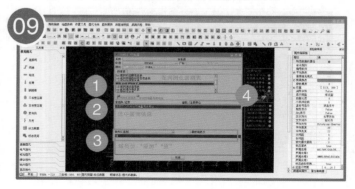

步骤十

图层切换至第 0 平面。

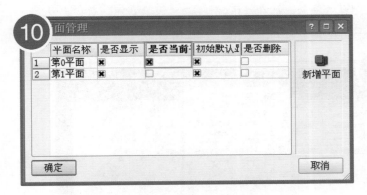

步骤十一

选中所有自动化改造的开关，点击 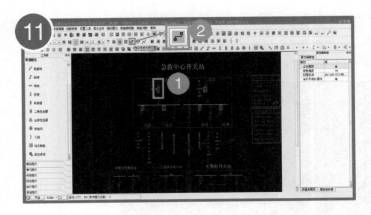 打开自动生成关联设置
窗口。

步骤十二

配置遥测相关参数，并自动生成。配置如下：

- 父图元类型：站外开关
- 子图元类型：动态数据
- 关联表号：配网开关表
- 关联域号：A 相电流幅值

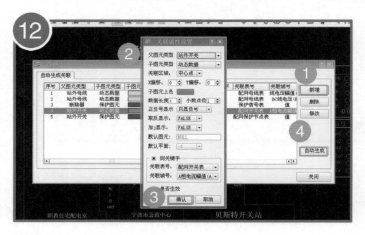

步骤十三

调整遥测数据大小和位置，点击 📷 网络保存。

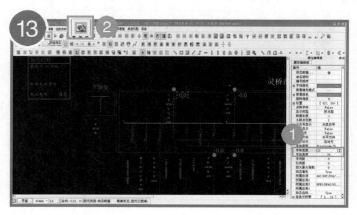

4.2.4 信息联调（二遥）

前期准备：在与终端信息联调前，需打开站室图、前置报文界面及前置实时数据界面，便于数据查看。

站室图

步骤一
———

输入站点名称首字母，打开站室图。

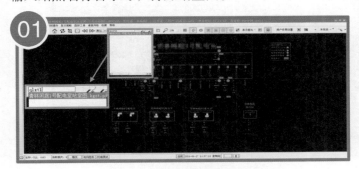

前置报文界面

步骤二
———

在前置服务器通过"dfes_rdisp"命令，打开前置报文界面。

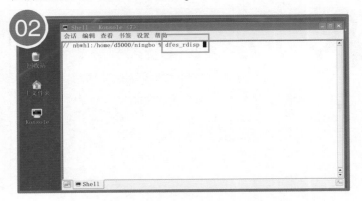

步骤三

输入站点名称首字母，选择信息联调的站所，点击"翻译报文"后，通过对站点数据总召，查看终端报文信息。

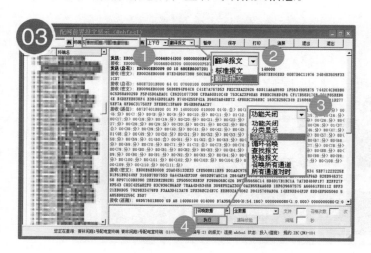

小贴士

终端被自动分配在 A、B 两台前置服务器上，只有在对应前置服务器上，才能看到终端报文信息。

步骤四

在前置服务器通过"dfes_real"添加文本命令，打开前置实时数据界面。

前置实时数据界面

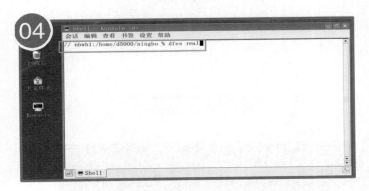

步骤五

输入站点名称首字母，选择信息联调的站所；查看终端遥信遥测实时数据。

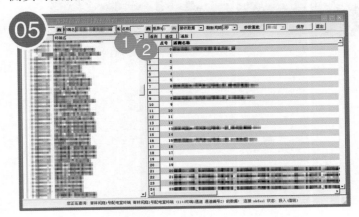

步骤六

与终端人员开展信息联调，涉及内容包括：

- **基本信息**：站点名称、间隔名称、间隔接入终端顺序、终端厂家、终端型号。
- **遥信信息**：公共信号、开关分合信号、接地开关分合信号、间隔过流保护信号。
- **遥测信息**：蓄电池电压、母线电压、间隔实测电流。

开展信息联调

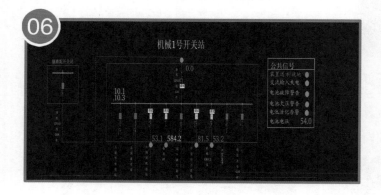

✍ 4.3 小编经验

信息联调涉及主站、通信、终端多个部门，需要提前安排好计划，按计划工作。

当某个开关遥信值不正确时，可以从终端接线、主站系统及终端中点号设置等查找原因。

信息联调过程中出现的问题务必详细记录，在消缺后再将该消缺情况告知调度。

📝 4.4 任务挑战

问题一：（多选题）信息联调分为4步，分别是（　　）。

A. 点号录入   B. 参数配置

C. 光字牌制作   D. 遥信遥测对点

【答案】ABCD

【解析】知识点——信息联调步骤

信息联调的目的是确保终端与主站信息一致。信息联调共分为4步：点号录入、参数配置、光字牌制作、遥信遥测对点。

问题二：（简答题）简述用点号工具进行点号录入的步骤。

【答案】知识点——点号录入步骤

（1）通过"dms_create_dot"命令，进入点号生成工具主界面。

（2）在点号生成工具主界面，输入开关站首字母，选中对应开关站。

（3）拖动自动化改造间隔信息至对应框格。

（4）点击"生成点号"；弹出对话框，继续点击"生成点号"；点击"是"添加文本：完成点号录入工作。

问题三：（单选题）在前置服务器中，打开配电网前置报文界面的命令是（　　）。

A.dfes_real   B.dfes_rdisp

C.fes_real   D.fes_rdisp

【答案】B

【解析】知识点——配电网前置报文界面打开命令

前置报文界面打开命令：dfes_rdisp。

前置实时数据界面打开命令：dfes_real。

5. 遥控操作

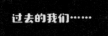

过去的我们……

上午9:00

停送电，做措施，都是需要在现场来回跑的，这点体力可不行啊。

师傅，等等我，实在跟不上了。

中午11:00

现在的我们……

xx开关需要遥控合闸。

一分钟后...

已完成

师傅，你是怎么做的？教教我嘛！！

现在必须满足"五个零时差"的要求，光靠人力已经无法满足要求了，多亏有了遥控操作。

情景分析

　　遥控操作相比人工去各个相关联的现场进行开关分合操作，效率更高，工作强度低。而且，遥控操作可以实现负荷的快速转移，实现故障的快速隔离，大大缩短了故障停电时间。

✑ 5.1 任务设置

⏰ 时　　间：小高入职一个月。

🗒 任务描述：师傅小超让小高熟悉开关分合遥控操作，了解遥控操作的准备工作内容以及执行和确认的方法。

◎ 任务目标：请你与小高一同自学完成遥控操作。

◎ 5.2 任务实施

遥控操作是利用配电自动化主站系统，对开关设备进行的远程分合操作。

5.2.1 遥控操作准备

遥控操作前确认的自动化事项

确认开关遥信状态是否正常	确认间隔是否可遥控	确认间隔命名是否一致
鼠标放在开关上，遥信状态显示为正常。	看间隔旁边是否有可遥控的标志（若遥控对点，则无需此步骤）。	确定间隔现场命名是否与开关图模名称相同（遥控对点时需要）。

以某配电室 G01 开关为例，原开关位置为合位，下面进行控分操作。

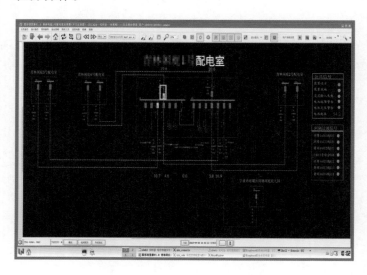

5.2.2 遥控操作执行

步骤一

操作员右键需要遥控的开关，单击"遥控"，弹出防误校验。

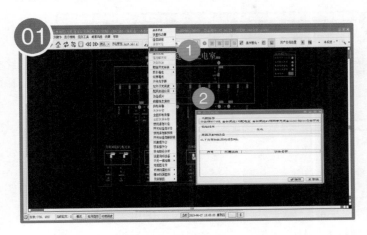

步骤二

操作员用户登录；确认遥控间隔无误后，在操作界面"确认遥信名"文本框内输入三位及以上遥信名；选择监护节点，单击"发送"。

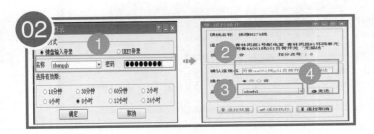

步骤三

监护员用户登录；确认遥控间隔无误后，在监护界面"确认遥信名"文本框内输入三位及以上遥信名，单击"确定"。

步骤四

监护员通过后，操作员开始进行遥控，单击"遥控预置"；遥控预置信号发出后，等待远程终端的信号反馈；预置成功后，单击"遥控执行"。

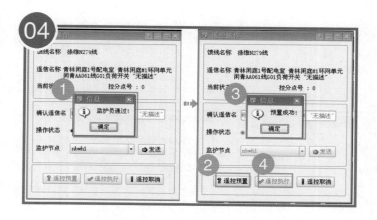

5.2.3 遥控操作确认

遥控执行后需对遥控进行确认：遥控开关遥信变位、遥测数据发生变化、告警窗中有正确的告警信息上传。

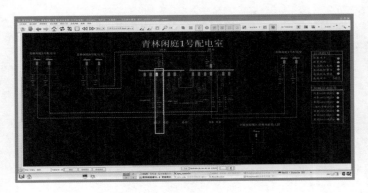

5.2.4 遥控缺陷管理

若遥控失败，主站侧应在相应间隔挂设调试牌且进行备注，并及时做好缺陷登记工作，发起缺陷流程并开展消缺工作。

✍ 5.3 小编经验

遥控执行后，需要核对两个及以上的信息（一般为开关分合状态和间隔电流）以判断遥控操作是否成功。

由于终端设备及通信情况复杂，遥控操作出现异常时，核对信息需等待 1~2min，以避免信息延迟造成误判。

遥控开关涉及电网运行及人员安全，操作时需要更加谨慎。站点投运前需进行现场遥控对点，确保遥控正确性。

📝 5.4 任务挑战

问题一：（多选题）遥控操作前需要确认的事项包括（　　）。

A. 确认间隔时间差是否正常　　B. 确认开关遥信状态是否正常

C. 确认间隔是否可遥控　　　　D. 确认间隔命名是否一致

【答案】BCD

【解析】知识点——遥控操作准备工作

遥控前确认的自动化事项包括：确认开关遥信状态是否正常、确认间隔是否可遥控、确认间隔命名是否一致。

问题二：（填空题）遥控后需通过观察开关 ___、___ 变化确认遥控是否成功。

【答案】遥信　遥测

【解析】知识点——遥控操作确认

遥控执行后，需对遥控进行确认，遥控开关遥信变位、遥测数据发生变化，告警中有正确告警信息上传。

问题三：（填空题）若遥控失败，主站侧应在相应间隔挂设 ___，进行备注。

【答案】调试牌

【解析】知识点——遥控缺陷管理

若遥控失败，主站侧应在相应间隔挂设调试牌且进行备注，并及时做好缺陷登记工作，发起缺陷流程并开展消缺工作。

6. 馈线自动化仿真投运

馈线自动化动作

师傅，这几条路线都是我前几天投运的，怎么判定的FA策略都是错的？

这几条线路你是仿真成功后投运的吗？

啊，我没仿真，直接投运的……

情景分析

　　为确保馈线自动化正确动作，在投运前需进行仿真工作，保证FA策略正确。

✐ 6.1 任务设置

⏰ 时　　间：小高入职两个月。

📋 任务描述：在元气满满的周一，小高迎来了他工作以来的第一次馈线自动化仿真投运操作。面对这各式各样复杂的系统参数，小高不知道该如何入手。

◎ 任务目标：请协助小高了解各系统参数的含义，并完成相关数据库的配置。

◎« 6.2 任务实施

6.2.1 馈线自动化概念及含义

6.2.1.1 馈线自动化概念

馈线自动化（Feeder Automation, FA）是指利用自动化装置或系统，监视配电网的运行状况，及时发现配电网故障，进行故障定位、隔离和恢复对非故障区域的供电。

6.2.1.2 馈线自动化的意义

- 提高供电可靠性
- 改善电能质量和提高用户服务质量
- 提高设备利用率

• 提高供电企业的经济效益和管理水平

6.2.2 馈线自动化参数及进程配置

馈线自动化需要判断和处理复杂的故障情况，开展馈线自动化之前，需要对其进行相应配置。

通过"sys_adm"命令打开系统管理界面；在系统参数 DSCADA 中打开 da_para 界面；在"参数数值"栏，双击参数数值，进行参数配置。

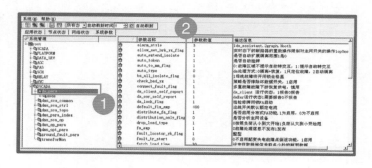

小贴士

部分参数进行配置后，需重启相关进程进行更新。

6.2.2.1 重要参数表

系统参数说明表	
alarm_style	参数含义：配置客户端在使用交互式处理方式时所推的交互界面。 配置说明：配置"1"推故障处理交互界面；配置"2"推故障线路图；配置"3"两个都推。 注意事项：修改后需要重启客户端的 da_client 进程。 常用设置：根据运维人员要求进行设置
Total_wait_time	参数含义：FA 启动后最长静态等待时间。 配置说明：如果为 0，表示不等待。 注意事项：修改后需要重启 daEar 进程。 常用设置：设置参数，应大于变电站出口断路器重合闸时间
Sig_effect_time	参数含义：信号的有效时间。 配置说明：开关跳闸、保护动作所间隔的有效区间。 注意事项：修改后需要重启 daEar 进程。 常用设置：30s
Yk_limit	参数含义：全自动故障处理情况下，对开关的遥控操作在一次不成功的情况下是否重复遥控。 配置说明：对应值为重复遥控次数。 常用设置：根据运维人员要求进行设置，正常设置为 0

系统参数说明表	
default_fix_amp	参数含义: 出线开关默认额定电流 (单位 A)。 配置说明: 根据变电站出线开关过流整定值设置。 注意事项: 缺少该项设定时，系统默认 400
Auto_extend_isolate	参数含义: 在自动执行的情况下发生拒动，是否自动扩展隔离范围。 配置说明: 1 为自动扩展; 0 为不自动扩展。 常用设置: 根据运维人员要求进行设置，正常设置为 0
auto_token	参数含义: 在执行故障处理完毕后，是否自动在隔离故障开关上挂检修牌。 配置说明: 1 为自动挂牌; 0 为不自动挂牌。 常用设置: 根据运维人员要求进行设置
fetch_load_time	参数含义: 设定获取跳闸信号前多少秒的断面数据。 配置说明: 进行配置需要的时间。 注意事项: 默认 30s。 常用设置: 根据运维人员要求进行设置，可以采用默认设置
Judge_load	参数含义: 是否甩负荷。 配置说明: 0 为不甩负荷; 1 为甩负荷。 注意事项: 默认为 0，不甩负荷。 常用设置: 根据运维人员要求进行设置，正常设置为 1

系统参数说明表	
Relay_hold_time	参数含义：保护信号保持时间。 配置说明：配置相应的保护信号保持时间。 注意事项：大于 FA 分析完成时间即可。 常用设置：根据变电站及配电终端保护信号 　　　　　上送及时性进行设置
Sel_can_yk_only	参数含义：故障定位之后，如果隔离开关无 　　　　　遥控功能，则向外扩展，寻找可 　　　　　控开关以隔离故障。 配置说明：0 为自动扩展；1 为不自动扩展

6.2.2.2 进程介绍

馈线自动化的后台主要包括客户端进程（da_client）、馈线自动化界面进程（da_assistant）、监听进程（daEar）和动态库文件(faultprocess.so) 等进程。

客户端进程 负责为工作站馈线自动化客户端提供馈线自动化相关信息。

馈线自动化界面进程 负责推出工作站上的馈线自动化故障判断处理方案。

监听进程 负责实时监听开关跳闸及保护动作情况。

动态库文件 负责分析处理馈线自动化研判全过程。

 客户端进程运行在工作站上，监听进程、动态库文件、馈线自动化界面进程运行在 SCADA 服务器上。

6.2.3 数据库配置

馈线自动化功能是以线路为单位实现的，因此，需要对每条馈线进行单独设置。在馈线自动化相关信息表中，可以对馈线的故障启动条件、运行状态、执行模式、关联图形、允许重合闸次数等信息进行设置维护。

6.2.3.1 断路器配电自动化控制模式表

配置目的: 对 10kV 出线开关的 FA 功能进行配置，确保 FA 正确启动。

打开路径: DSCADA—关系表类—断路器配电自动化（Distribution Automation, DA）控制模式表。

配置方法: 新建一条记录，进行相关信息配置。具体配置如下:

（1）"厂站名称""关联馈线"：根据需要配置线路进行选择。

（2）"开关名称"：关联断路器表中相应的开关信息。

（3）"故障启动条件"：选择"分闸加保护"。

（4）"运行状态"：选择仿真 / 在线 / 离线。

（5）"执行模式"：选择交互模式 / 自动模式。

（6）"图形名称"：对应图形信息表中的图形名称。

文件 编辑 记录操作 数据库操作 域类操作 帮助					
▼ 编缉态 ▼ 所有区域 ▼ 所有厂站 ▼ 所有馈线 ▼ 所有开关			序号	9	实时态 ▼
数据库大类型	序号	标识	厂站名称	标识	3857614556054421568 (13705 14 6 4 0)
＋指标类	7	385761455605442..	FA测试厂站8B	厂站名称	蓉城变
＋PBS	8	385761455605442..	FA测试厂站8C	开关名称	云璧N683开关
＋设备类	9	385761455605442..	蓉城变	故障启动条件	分闸加保护
＋定义设备类	10	385761455605442..	蓉江变	等待时间	0
＋转发表类	11	385761455605442..	蓉江变	运行状态	在线
＋规约类	12	385761455605442..	蓉城变	执行模式	自动方式
＋其它类	13	385761455605442..	通惠变	DA状态	0
DSCADA	14	385761455605442..	通惠变	启动步资	0
＋设备类	15	385761455605442..	金钟变	故障发生时间	0
关系表类	16	385761455605442..	大成变	图形名称	蓉城_蓉江_通惠区域系统图.sys.pic.g
配网数字控制表	17	385761455605442..	千吞变	关连馈线	云璧N683线
配网静态设备开关	18	385761455605442..	乐海变	FA类型	0
DA运行监视表	19	385761455605442..	车辕变		
	20	385761455605442..	车辕变		
6500000 13705		385761455605442..			

小贴士

若图形名称关联不正确，FA 启动时将无法正确弹出对应的专题图。

6.2.3.2 保护信号表

配置目的： 10kV 出线开关的保护信号和开关相对应，以保证 FA 启动时变电站信息能够正确匹配。

打开路径： SCADA—设备类—保护信号表。

配置方法： 打开保护信号表，查找馈线的保护动作相关记录，类型选择"动作信号"、相应开关 1 关联断路器表中相应的开关。

6.2.3.3 配网静态设备开关关系表

配置目的： 10kV 出线开关的保护信号和开关相对应，以
保证 FA 启动。

打开路径： DSCADA—关系表类—配网静态设备开关关系表。

配置方法： 新建两条记录，分别配置开关信息和开关保护
信息。

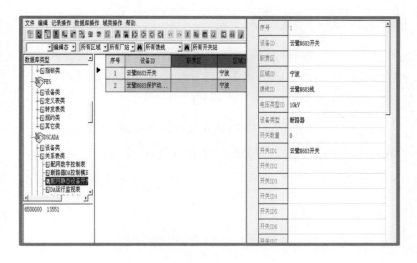

配置开关信息	配置开关保护信息
设备 ID——关联断路器表中相应开关	设备 ID——关联保护信号表中相应的开关信息
开关 ID1——关联断路器表中相应开关	
区域 ID——根据线路所属区域选择	
馈线 ID、电压类型 ID——根据需要配置线路进行选择	
设备类型——选择"断路器"	设备类型——选择空

6.2.4 馈线自动化仿真

馈线自动化仿真在系统培训态下进行。培训态是对实时态的一种模拟，为馈线自动化仿真提供了良好的试验环境。在培训态下对图模进行任何的操作，均不会对实时态造成影响。

6.2.4.1 仿真前确认

（1）检查该线路馈线自动化的运行状态、执行方式、故障启动条件、馈线关联图形、保护关联开关、保护动作类型是否正确。

（2）确保培训态应用服务器 daEar、faAutoTopoServer、faCaseCtrl 和工作站培训态客户端监听进程 da_client –ctx 6 均在运行状态。具体操作步骤如下：

通过"ps -ef|grep+应用名称"命令,查看馈线自动化相关进程状态。

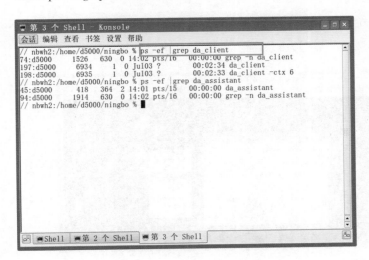

6.2.4.2 进入培训态

打开系统图,在系统图右上方工具栏中将"实时态"改成"培训态",图形进入培训态。

6.2.4.3 进行数据同步

在系统图培训态下空白处，右键选择"同步模型"；选择"黑图模型""最近方式数据"，确认后进行数据同步。

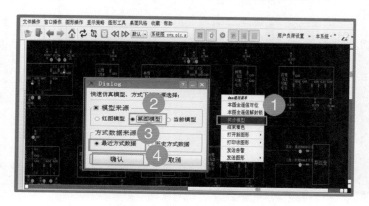

小贴士

由于同步黑图模型需要打包实时态数据并在培训态下解压，可能耗时较长（2min 左右）。因此建议在一天中第一次进行仿真时进行黑图模型的同步，接下来连续的仿真在不更改数据库的情况下可进行当前模型的同步，若一段时间未仿真建议再次进行黑图模型的同步。

6.2.4.4 选择故障点

步骤一

选择要设置故障点的设备，右键，点击"故障点设置"中的"过流故障"，并点击"确定"。

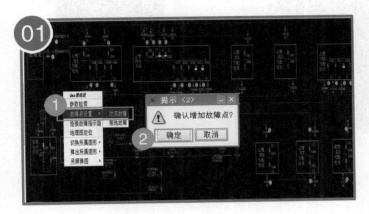

 故障点可以设置在电缆、负荷开关、配电站母线等位置。

步骤二

核对过流间隔和故障区域设定是否正确、开关过流信号是否完整，确认无误后点击"完成"，完成故障点设置。

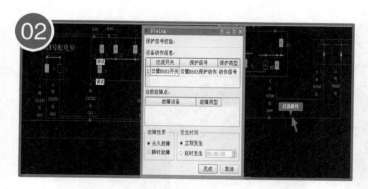

6.2.4.5 FA 程序启动分析

系统完成故障区域定位，生成隔离、转供方案，推出故障处理方案。

6.2.4.6 查看故障区域判定结果

单击"故障区域"或"故障实际区域",审核故障区域判断是否正确。

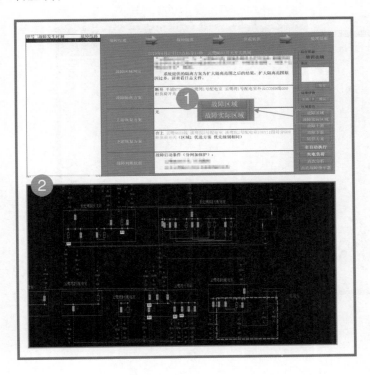

6.2.4.7 执行故障区域隔离方案

点击"故障隔离",查看故障隔离方案具体内容,包括操作设备、操作内容等;确认隔离方案无误后,点击"执行",完成操作。

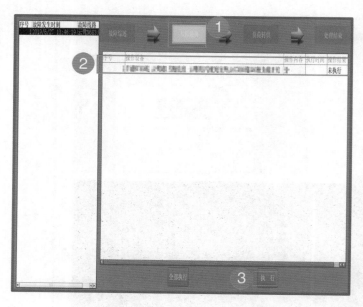

6.2.4.8 执行非故障区域转供方案

点击"负荷转供",查看负荷转供方案信息;确认转供方案无误后,点击"执行",完成操作。

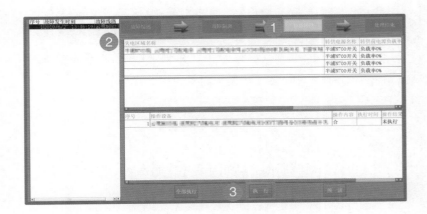

6.2.4.9 仿真结果归档

仿真策略确认无误后,信息归档。

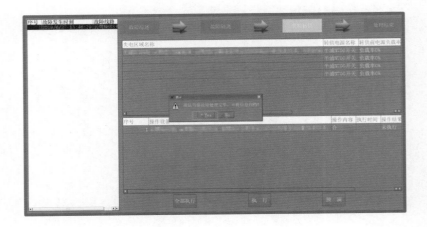

✍ 6.3 小编经验

仿真某条线路前，保护节点表中 10kV 出线开关的保护动作记录应准确关联该开关，否则 FA 动作时无法正确检测到跳闸的开关，FA 无法启动。

仿真某条线路前，断路器 DA 控制模式表中应新增记录并配置，否则 FA 无法启动。

仿真时，若发现 FA 策略异常，可通过查看 FA 日志来查找问题原因。

6.4 任务挑战

问题一：（填空题）监听进程、动态库文件运行在 ＿＿＿ 上。

【答案】SCADA 服务器

【解析】知识点——进程介绍

客户端进程运行在工作站上，监听进程、动态库文件、馈线自动化界面进程运行在 SCADA 服务器上。

问题二：（多选题）在馈线自动化仿真过程中，故障点可以设置在（　）处。

A. 电缆馈线段　　　　　　　　B. 负荷开关

C. 变电站断路器　　　　　　　D. 配电站母线

【答案】ABD

【解析】知识点——故障点选择

故障点可以设置在电缆、负荷开关、配电站母线等位置。

问题三：（填空题）在进行配网静态设备开关关系表配置时，其中针对新建变电站开关的记录，设备类型应选择 ＿＿＿ 。

【答案】断路器

【解析】知识点——配网静态设备开关关系表配置

新建两条记录，分别配置开关信息和开关保护信息。

配置开关信息：设备类型——选择"断路器"。

配置开关保护信息：设备类型——选择空。

7. 延伸阅读

🗒 7.1 工厂化调试流程

"工厂化调试"是宁波供电公司配电自动化专业人员在认真总结配电自动化项目建设经验的基础上,重点梳理了工作流程中的各个核心节点,构建了基于配电终端工厂化调试的配电自动化现场建设标准化流程。

工厂化调试打破了配电站所环境和空间对配电自动化终端设备调试效率的制约,实现了流水化作业,调试流程大幅简化,效率显著提升。

工厂化调试流程如下:

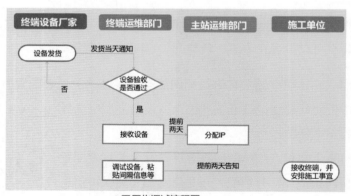

▲工厂化调试流程图

7.1.1 准备工作

• 终端运维部门提供待改造站点及其间隔清单

- 主站运维部门为各配电自动化改造站点分配 IP

7.1.2 相关流程及要求

终端供货商根据发货时间表发货，并通知终端运维部门

要求：发货日当天，通知到位。

终端运维部门完成终端接收，开箱

要求：开箱要求保证箱体和设备完好，并对终端数量、型号和外观进行仓库交验，如有设备不符合拒绝接收，并要求厂家重新发货。

终端运维部门向主站运维部门提交站点IP申请

要求：提前2个工作日向主站运维部门提交站点IP申请。

终端运维部门对终端设备完成参数设置，终端设备上张贴站点名称、间隔名称等相应标签。

要求：参数配置正确，标签张贴准确。

施工单位接收终端

要求：终端运维部门提前2天通知施工单位接收终端，施工单位在收到通知后的2个工作日内完成接收。

工厂化调试关键在于协调各相关部门及设备厂家，严格按照既定流程进行调试任务，避免中间有环节出错导致整个工作中断或延期。

📄 7.2 缺陷管理系统

7.2.1 概述

为有效提升缺陷管理水平，宁波供电公司开发了配电自动化缺陷管理系统，实现缺陷全流程线上管控。

调度、自动化班、终端运维部门在日常操作、运维中发现缺陷，及时录入缺陷管理系统，并发起消缺流程。

7.2.2 功能介绍

1. 缺陷流程填报

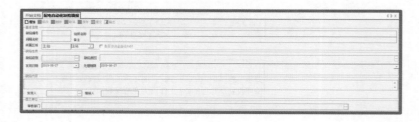

2. 消缺流程跟踪

在缺陷管理系统中可以对每一个消缺过程关键节点进行跟踪。

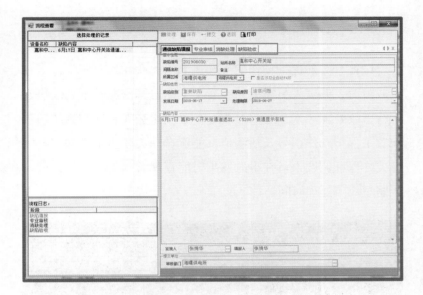

3.配电自动化缺陷统计

缺陷统计可以根据缺陷情况、缺陷原因、消缺进度等对缺陷进行筛选，便于开展缺陷的统计和分析工作。

📋 7.3 保护信号自动关联功能

　　以往开关的保护动作信号和遥测值关联在站室图中，当发生故障时，调度人员需一一查看站室图告警信息，不利于快速进行事故处理。针对这一情况，宁波供电公司在区域系统图上配置了保护动作信号及遥测值，能够自动关联至主网和配电网开关，保证调度人员在事故发生时能直观看到过流路径，进一步缩短故障处理时间。

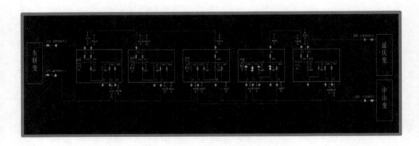

第三篇　配电自动化运维

完成配电自动化建设后，小高在配电自动化运维中，会出现怎样的纰漏呢？一起帮小高完成这第三道关卡考验吧。

CHAPTER

03

1. 平台管理

1.1 系统平台维护与管理

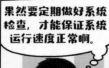

情景分析

因系统数据未及时清理，导致应用程序打开缓慢，系统程序卡顿，妨碍了日常操作。运维人员需定期检查系统运行状态，及时清理系统中的冗余数据，以保障系统正常使用。

✍ 1.1.1 任务设置

🕐 时　　间：小高入职三个月。

📋 任务描述：距离上次进行系统平台运维和清理已过去一个月，最近在使用系统过程中，小高发现，系统的反应速度变慢，经常会出现卡顿，这究竟是怎么回事呢？

◎ 任务目标：请帮助小高检查系统状态，查明问题原因，完成相关数据库的配置。

🎯 1.1.2 任务实施

1.1.2.1 系统基本操作

1. 系统启动及登录

步骤一

用户登录。

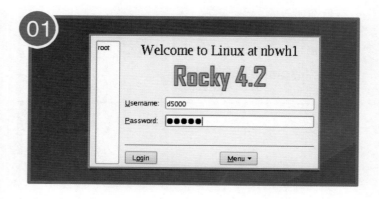

步骤二

通过"sys_ctl start fast（sys_ctl start down）"命令，完成配电自动化系统工作站（服务器）的启动。

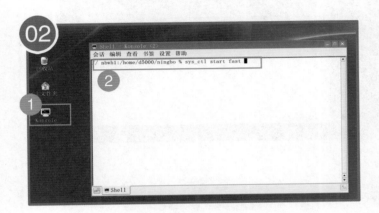

小贴士

在操作过程中，如有异常情况，则先停止应用程序（终端输入"sys_ctl stop"命令），重新启动应用程序。

2. 总控台启动及登录

总控台相当于配电自动化系统的一个快捷菜单，从这个菜单上可以轻松完成告警窗、数据库的开启、用户登录和责任区选择等常用操作。

步骤一

通过"sys_console"命令，完成总控台的开启。

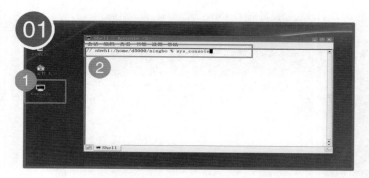

步骤二

在总控台点击 🔄，进行用户登录。

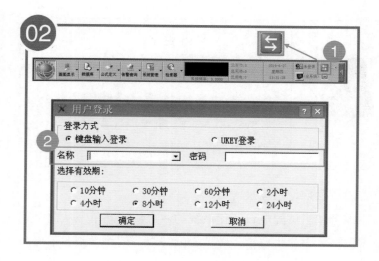

3. 专题图查看

配电网专题图按照国家电网有限公司标准分为站间联络图、区域系统图、站室图和单线图 4 种。配电网专题图查看是调控员工作中最常用到的操作。

步骤一

打开图形浏览程序：在主控台上选择"画面显示"下拉菜单中的"画面显示"，也可以通过"GExplorer –login"命令打开图形浏览程序。

步骤二

检索图形：在快速搜索栏处，输入图形首字母或关键字，检索图形。

4. 告警信息查看

（1）实时告警信息查看。

步骤一

点击"告警查询"——"告警窗"，或通过"iapi"命令，打开实时告警窗。

步骤二

查看告警内容，包括事故、异常、越限、开关变位等信息。

（2）历史告警信息查看。

步骤一

单击"告警查询"，或通过"alarm_query"命令打开程序。

步骤二

勾选需要查询的告警类型；输入搜索关键字；设置起止时间；
单击"查询告警"查看历史告警信息。

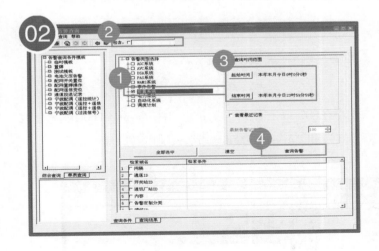

步骤三

以下为常用的查询组合，需要注意的是主网和配电网设备需分开查询。

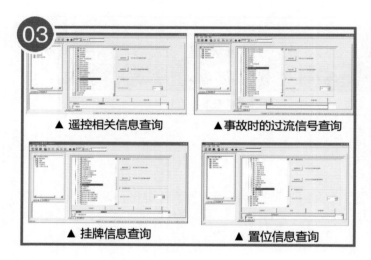

▲ 遥控相关信息查询　　▲ 事故时的过流信号查询

▲ 挂牌信息查询　　▲ 置位信息查询

1.1.2.2 系统状态检查

1. 查看系统节点硬盘使用率

通过"df-h"命令，查看磁盘各分区的硬盘空间及占用率。硬盘分区占用率在80%以上需要注意，重点关注"/home/d5000/地市名（地市名拼音）"和"/home/d5000/地市名（地市名拼音）/var"。

2. 查看系统节点 CPU 使用率与内存情况

通过"top"命令，查看服务器当前 CPU 使用率和内存使用情况。

```
Shell - Konsole
会话  编辑  查看  书签  设置  帮助
top - 12:21:54 up 32 days, 19:44,  4 users,  load average: 0.10, 0.10, 0.09
Tasks: 276 total,   2 running, 274 sleeping,   0 stopped,   0 zombie
Cpu(s):  4.8%us,  3.8%sy,  0.0%ni, 90.6%id,  0.7%wa,  0.0%hi,  0.1%si,  0.0%st
Mem:   7925532k total,  5698112k used,  2227420k free,   370632k buffers
Swap: 15624184k total,      244k used, 15623940k free,  3443752k cached

  PID USER      PR  NI  VIRT  RES  SHR S %CPU %MEM    TIME+  COMMAND
11184 d5000     20   0  602m  92m  36m R   11  1.2  90:45.85 iapi
 4385 d5000     20   0 1127m 252m  76m S    2  3.3   2:24.07 GraphApp
22604 d5000     20   0  342m 168m  32m S    2  2.2  46:33.00 pgm_recv
 5116 root      20   0 22616 1688  504 S    1  0.0 357:32.01 cgrulesengd
13307 d5000     20   0 1165m 277m  79m S    1  3.6  65:15.59 GraphApp
 5281 root      20   0  153m  64m  31m S    1  0.8  55:18.64 X
22615 d5000     20   0  386m  92m  35m S    1  1.2  30:05.44 msgbroker
23539 d5000     20   0 1192m 270m  80m S    1  3.5  56:26.07 GraphApp
   16 root      20   0     0    0    0 S    0  0.0   8:44.12 ksoftirqd/6
10232 d5000     20   0  220m  25m 8588 S    0  0.3   0:00.24 kwin
10241 d5000     20   0  239m  28m  10m S    0  0.4   0:00.39 kicker
17023 d5000     20   0 4120  892  620 S    0  0.0   0:07.58 sadc
21096 d5000     20   0  249m  29m  12m S    0  0.4   3:11.76 konsole
22597 d5000     20   0  129m 1876 1484 S    0  0.0   7:04.39 sys_nicmonitor
22623 d5000     20   0  129m 7768 4480 S    0  0.1   4:13.07 sys_processm
22766 d5000     20   0  203m 7608 3712 S    0  0.1   3:26.12 procman
31887 d5000     20   0  202m 8732 6032 S    0  0.1   0:23.72 scim-panel-gtk
    1 root      20   0 7852  628  528 S    0  0.0   0:16.11 init
```

3. 查看系统节点网络

通过"dbi"命令，在 public 系统管理类目录下双击节点信息表，在右侧列表中查看各服务器或工作站网络状态是否正常。如果出现网络中断现象，需及时查明原因。

4. 查看数据库状态

步骤一

通过输入"rdb_watcher"命令进入用户登录界面。

步骤二

商用库账户登录。

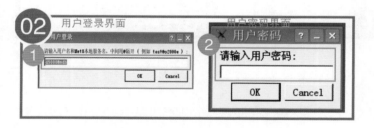

步骤三

点击左侧菜单栏"表空间"选项，查看各表空间使用情况。

步骤四

点击"数据表"菜单可直接查询各个表中的数据信息。

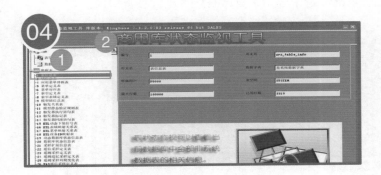

5. 系统应用状态查看和切换

步骤一

在总控台界面中选中"系统管理",点击进入。

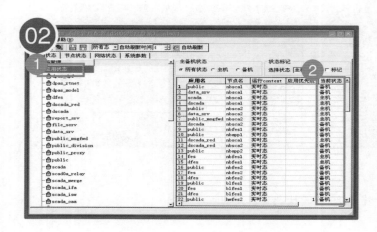

步骤二

在弹出的系统管理界面上，点击"应用状态"查看各服务器应用运行情况；选中应用，单击右键可进行主备切换。

1.2 责任区划分

情景分析

划分责任区的目的是为了方便区分设备所属区域，便于日常管理。

✍ 1.2.1 任务设置

⏰ 时　　间：小高入职 4 个月。

📋 任务描述：小高在查看设备时，发现因设备责任区
划分错误，导致系统中的设备数据混乱，为了更好
地管理自己区域的设备，小高决定重新划分责任区。

◎ 任务目标：请协助小高完成此次设备责任区的划分
工作。

⊚ 1.2.2 任务实施

配电网日常工作中，因设备数量过多，若全部归于一个区
域内，不便于日常查找与管理，而且存在误操作的安全隐患。
为此，通过责任区划分，将不同管辖区域的设备区分开来，不
同账号只能操作与管理其所属区域的设备，无权操作其他区域
内设备。

1.2.2.1 责任区划分前期配置

步骤一

打开实时库 DSCADA—设备类—配网馈线表。

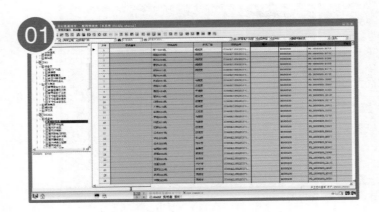

步骤二

点击馈线记录中的所属厂站域，选择该馈线所属厂站。

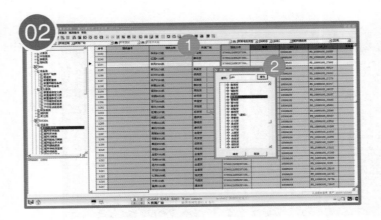

步骤三

通过"resp-manager"命令打开责任区定义工具，在区域定义
列表的对应厂站中新增馈线及其下属设备。

1.2.2.2 设备责任区划分

步骤一

在责任区目录中，选择相应的管辖责任区，双击，进入该责任
区维护界面。

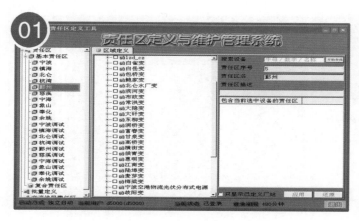

步骤二

取消勾选"只显示已定义厂站",显示所有区域内的变电站。

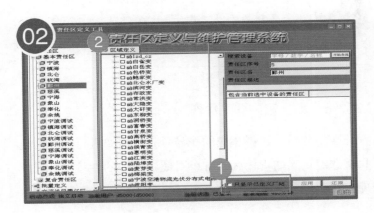

步骤三

勾选相应设备,点击"应用",完成设备责任区划分。

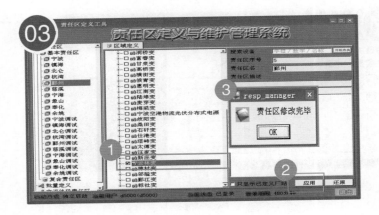

小贴士

若要从责任区内移除设备，需要
取消勾选，点击"应用"。

1.2.2.3 责任区划分后的登录操作

责任区划分后，选择相应的账号登录，需要进行责任区选
定，只有选定正确的责任区，方可对此责任区的设备进行操作
与管理。

步骤一

打开"总控台"，点击 ，输入用户名及密码，选择登录有效期，
点击"确定"。

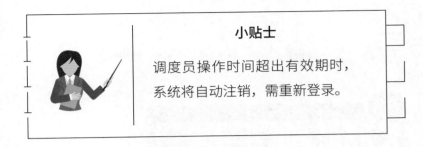

小贴士

调度员操作时间超出有效期时，系统将自动注销，需重新登录。

步骤二

在弹出的提示窗中点击"OK"；选择用户对应的责任区完成登录。

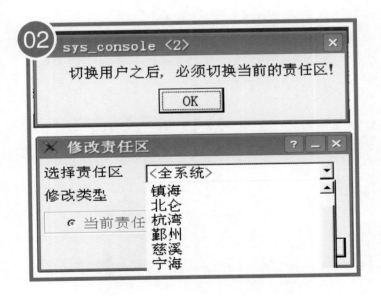

步骤三

登录后，总控台页面会显示相应的责任区。

✍ 1.2.3 小编经验

投产前一般将新建厂站划分至"调试责任区",避免调试信号干扰正常监控。

📋 1.3 用户权限维护

情景分析

配电自动化系统对不同的用户赋予不同的权限，只有被授权的用户才能进行相应的操作，否则就会被拒绝在"大门"外。

✍ 1.3.1 任务设置

⏰ 时　　间：小高入职五个月。

📋 任务描述：周一，部门新来了一位同事，小超让小高帮新同事开通相应的账户权限，热心的小高在进行用户创建和配置时，却遇到了一些麻烦。

◎ 任务目标：请帮助小高为新同事开通账号，创建用户并设置相关权限。

◎ 1.3.2 任务实施

1.3.2.1 知识概述

为了保证系统的安全性，不同的用户赋予不同的权限，只有被授权的用户才能进行相应的操作。

▲ 用户权限定义与维护管理系统

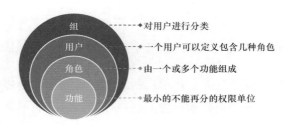

组 ------◆ 对用户进行分类

用户 ------◆ 一个用户可以定义包含几种角色

角色 ------◆ 由一个或多个功能组成

功能 ------◆ 最小的不能再分的权限单位

功能：不可再分的权限单位

常用系统功能包括：

- 遥信置数：对开关和保护信号进行置合或置分操作。
- 挂牌：给设备悬挂一个标示牌。
- 限值修改：设定和修改系统中各种数据的上下限。
- 遥信对位：将变位后闪烁的信号恢复。
- 遥控：通过通信网络对设备进行远距离操控。
- 模型维护：可对数据库中信息进行新建、修改和保存。

角色：由一个或多个功能组成

组成角色的功能之间应该具有横向或纵向的协作关系。

用户：可以定义包含几种角色，可拥有角色的全部权限

还可以单独对用户进行功能定义，比如单独增加角色中没有的功能，或者单独减去角色中的功能。用户分为3个级别：超级用户、组长、普通用户，不同级别的用户的权限不同。

组：对用户进行分类，组本身不是权限的载体

组和用户的关系，类似于文件夹和文件的关系。一个用户可以不属于任何组，或者只能属于一个组，但不能同时属于多个组。

1.3.2.2 角色的创建与配置

步骤一

通过"priv_manager"命令，打开"用户权限管理界面"，登录超级用户。

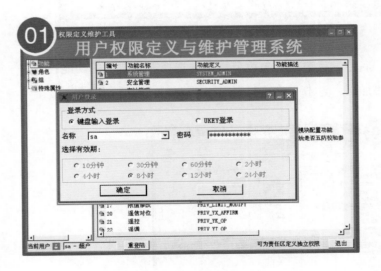

步骤二

单击"角色",右击"应用管理",选择"添加新的角色"。

步骤三

在"名称"栏填写新角色名称,并选择需要添加的功能;点击"添加";点击"确定"完成配置。

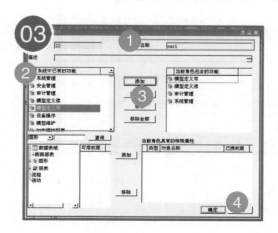

1.3.2.3 组的创建与配置

步骤一

右击"组",选择"添加新的组"。

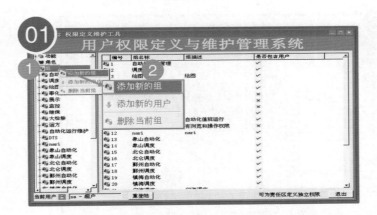

步骤二

在名称栏填写组名称,并选择当前组具有的终端节点(该组下
用户允许登录的节点),如有需要也可在系统已有用户列表中
选择并添加用户至该组。

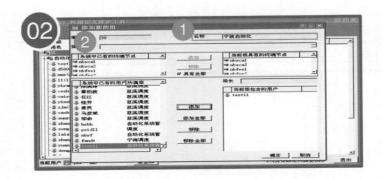

步骤三

点击确定，弹出提示框，如已为该组添加用户，可点击确定选择组长。

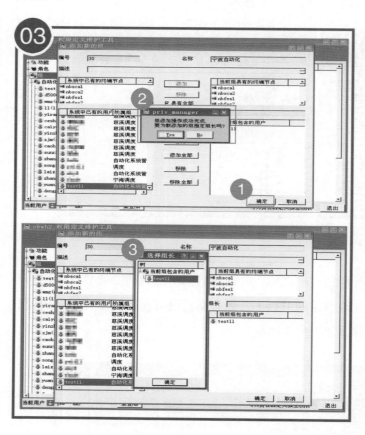

步骤四

重新打开权限定义工具可查看或再次编辑该新建组。

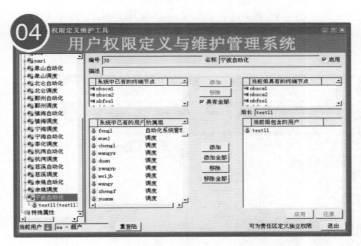

1.3.2.4 用户的创建与配置

步骤一

单击"组",选择对应的组,右击,再选择"添加新用户"。

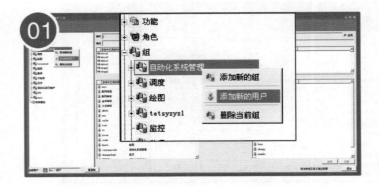

步骤二
—————

在"名称（登录名）""全名（登录后显示名）"栏填写新用
户的名称，点击"配置角色"选项，选择用户需配置的角色，
点击"添加"，将角色赋予新用户。

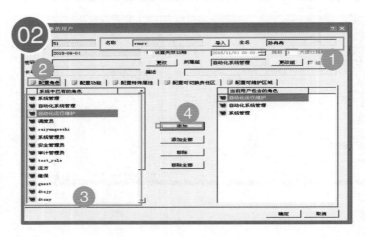

步骤三
—————

点击"更改"，修改用户初始密码。

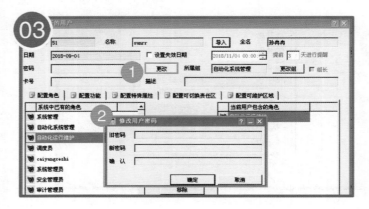

步骤四

若需对用户单独增减功能，可点击"配置功能"，选中需要配置的功能，右击进行单独修改。

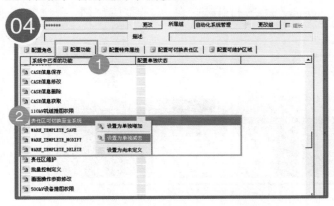

步骤五

点击"配置可切换责任区"，选择该用户所属责任区；点击"添加"并点击"确定"，完成新用户创建。

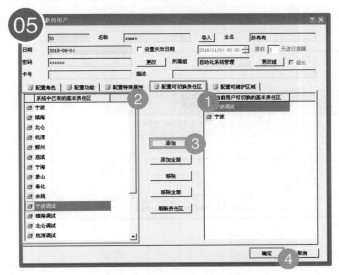

1.3.2.5 密码修改

步骤一

通过"sys_console"命令,打开主控台。点击主控台 ⇆ ,用户登录。

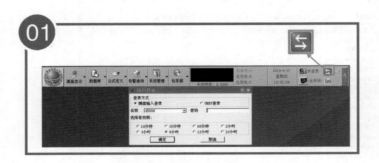

步骤二

点击 ━ ,修改密码。

📝 1.4 告警定义

情景分析

因为告警信息过多无法准确地找到所需信号，就需要对告警信息进行合理定义与分类，这样就可以快速找到相应的信息了。

✍ **1.4.1 任务设置**

🕐 时　　间：小高入职半年。

🗒 任务描述：小高在小超的指导下学习了告警定义的内容，对该操作充满好奇的小高接下来准备对开关站的所有信息进行分类归档。

◎ 任务目标：请与小高一起探索完成四种告警功能的设定。

◎ **1.4.2 任务实施**

告警定义是将配电自动化系统中的所有告警信息进行分类分层，便于管理。

1.4.2.1 告警的类型

1. 告警类型

告警类型是告警服务中基本应用对象，例如事故、遥信变位、遥测越限、厂站工况、网络工况、系统资源、人工操作、前置工况、AGC 操作等。

2. 告警方式

告警方式包括一种告警类型下的一个或几个告警状态和一

个具体的告警行为。一般分为默认告警方式和自定义告警方式。

3. 告警动作

告警动作是告警服务中最基本的要素，是指一些引起调度员和运行人员注意的报警动作。例如语音报警、音响（响铃）报警、推画面报警、打印报警、中文短消息报警、上告警窗、登录告警库等。

4. 告警行为

告警行为是一组告警动作的集合。当检测出一个报警后，系统要发生相应的告警行为（一系列的告警动作）用以提示调度员和运行人员。

5. 节点告警关系定义

利用"节点告警关系定义"工具可以对系统中所有的节点（包括服务器和客户机）进行告警服务的特殊定义（主要是告警动作限制），如果对一个节点作了"节点告警关系定义"，则原来整个系统的告警定义将会失效。

1.4.2.2 操作实例

以间隔过流信号为例，说明自定义遥信告警定义的操作。

步骤一

在实时库条件选择工具栏上选择 PUBLIC 自定义告警方式类别表，打开该表，添加自定义告警记录，名称自定，不同方式只是区分不同自定义告警信号，与实际字面意义无关。

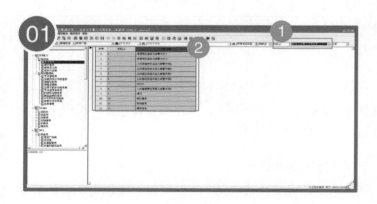

步骤二

打开 DSCADA—参数类—配网遥信定义表，选择需定义的遥信信息。

步骤三

单击告警方式域，选择告警方式类别并保存。

步骤四

在告警方式定义中，右击对应遥信，添加新自定义告警方式。

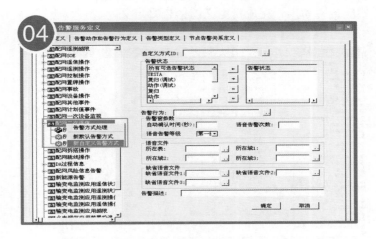

步骤五

选择自定义方式 ID、告警行为等参数。

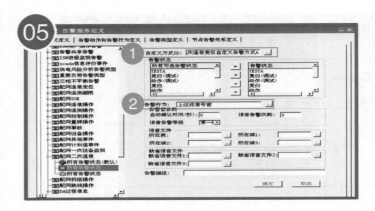

步骤六

在告警动作与行为定义中,选择"告警行为——上过流信号窗",配置相应告警动作,完成自定义遥信告警定义。

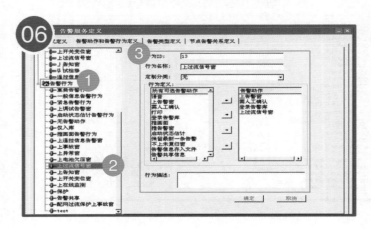

小贴士

1. 上告警窗表示定义至该行为的告警会在告警窗上显示。

2. 上过流信号窗指定该告警显示在告警窗的哪个版块。

3. 登录告警库表示该告警会保存至数据库以便后续查询。

✑ 小编经验

告警定义中除节点告警关系定义外所做设定均对全系统有效，部分设定需重启告警窗程序生效。

告警动作一般不允许新增或修改，告警行为可以。

语音告警需工作站启动后台监听程序"alarm_client"，否则无法播放告警语音。

告警动作定义除"分类显示名"与"分类显示颜色"外一般不能随意修改，否则将导致错误的告警或者告警失效，显示名与颜色定义对应显示在告警窗上页面名称与告警颜色。

📝 任务挑战

问题一：（单选题）在进行专题图查看时，需要打开主控台中的（　　）程序。

A. 画面显示　　　　　　　　B. 图像编辑

C. 图形管理　　　　　　　　D. 图元管理

【答案】A

【解析】知识点——专题图查看方法

图形打开方法：在主控台上选择"画面显示"下拉菜单中的"画面显示"，也可以在终端输入"GExplorer –login"命令打开图形浏览程序。

问题二：（判断题）不同账号只能操作所属责任区内的设备，无权操作其他责任区内的设备。

【答案】正确

【解析】知识点——责任区划分

配电网日常工作中，因设备数量过多，若全部归于一个区域内，不便于日常查找与管理，而且存在误操作的安全隐患。为此，通过责任区划分，将不同管辖区域的设备区分开来，不同账号只能操作与管理其所属区域的设备，无权操作其他区域内设备。

问题三：（填空题）___ 将配电自动化系统中的所有告警信息进行分类分层，便于对告警信息的应用与管理。

【答案】告警定义

【解析】知识点——告警定义含义

告警定义是将配电自动化系统中的所有告警信息进行分类分层，便于管理。

2. 图模异动

2.1 任务设置

时　　间：小高入职 7 个月。

任务描述：终端运维单位在 PMS2.0 中发起图模异动流程，需要小高配合开展异动流转。

任务目标：请与小高一起完成图模审核工作。

2.2 任务实施

2.2.1 异动流程

当电网运行方式、设备名称等发生变化时，需发起异动流程，保证图模与现场实际情况一致。

2.2.1.1 相关班组职责

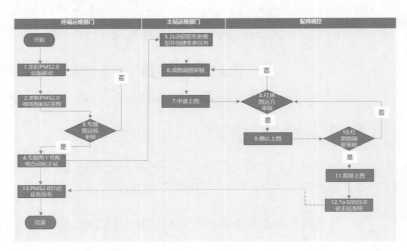

2.2.1.2 关键时间节点

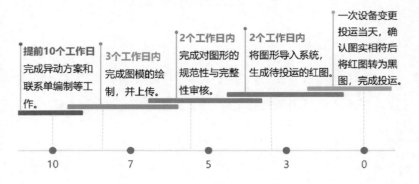

2.2.2 图模审核

图模导入后,需对图模进行审核,确保正确,才能投入使用。

2.2.2.1 正确性审核

图模正确性审核，需确保图实一致，拓扑连接正确等。常见错误类型包括：间隔名称未变更、柜号不对应、图形模型名称不一致、联络设备图模未关联、拓扑连接不正确。

例一
——
异动后，该配电室 G14 间隔已接入幼儿园专用变压器，图形需要变更。

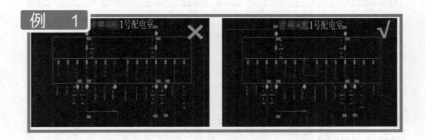

例二
——
该站内图 G08 图形与模型名称不一致。

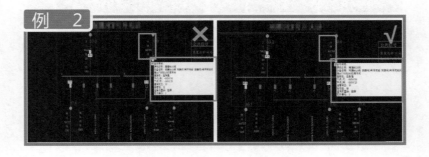

例三

门悦 CA365 线电缆图模未进行关联。

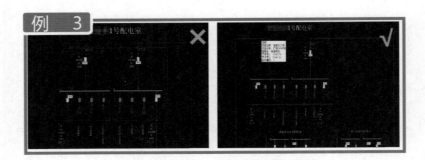

例四

拓扑连接不正确。

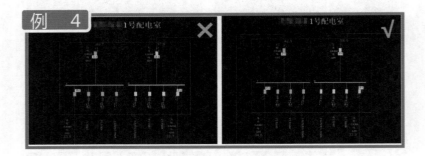

2.2.2.2 美观性审核

常见不美观的类型有：连接线歪斜；标注文字重叠或偏移，大小不一；布局不均衡。

例一

该站内图连接线歪斜，应保持横平竖直。

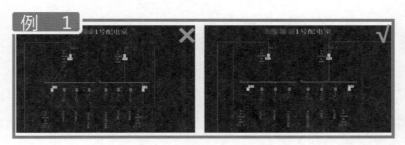

例二

该站内图标注大小不一，部分重叠。

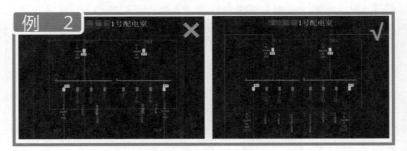

例三

该系统图站点分布不均衡。

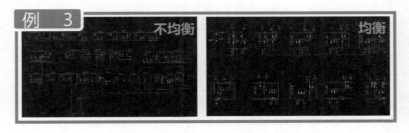

✍ 2.3 小编经验

异动流程应在现场工作完成前发起,确保工作完成后,当即投运。

设备更名后,由于系统原因,配网保护节点表中名称不会自动更新,需要及时完成手动更改。

PMS2.0 系统中设备名称、属性等发生变动,只能在原模型上进行修改,不可删除重画,否则会引起设备 ID 变化,导入配电自动化系统中会存在两个设备,引起混淆。

系统中图纸按照名称来匹配。当开关站更名后再导入系统,由于图纸名称不同,系统中会存在两个站室图,老图上包含遥信遥测及光字牌信息,新图上无光字牌显示,为避免混淆调度工作,应及时删除老图,并完成新图上的光字牌制作。

配电自动化系统专题图作为对现场设备状态最直观的展示,必须保证正确性和实时性。

📝 2.4 任务挑战

问题一：（多选题）图模审核中，正确性审核常见错误类型有（　　）。

A. 间隔名称未变更　　　　　　　B. 柜号不对应

C. 图形模型名称不一致　　　　　D. 拓扑连接不正确

E. 联络设备图模未关联

【答案】ABCDE

【解析】知识点——图模正确性审核

图模正确性审核，需确保图实一致，拓扑连接正确等。常见错误类型包括：间隔名称未变更、柜号不对应、图形模型名称不一致、联络设备图模未关联、拓扑连接不正确。

问题二：（填空题）一次设备变更投运当天，确认图实相符合后，需要将红图转化为 ___，完成投运。

【答案】黑图

【解析】知识点——关键时间节点

一次设备变更投运当天，确认图实相符后，将红图转为黑图，完成投运。

问题三：（多选题）图模审核中，美观性审核常见错误类型有（　　）。

A. 连接线歪斜　　　　　　　　　B. 连接线长度不一

C. 标注文字重叠　　　　　　　　D. 标注文字偏移，大小不一

E. 布局不均衡

【答案】ACDE

【解析】知识点——图模美观性审核

常见不美观的类型有：连接线歪斜；标注文字重叠或偏移，大小不一；布局不均衡。

3. 指标查询

情景分析

当某开关遥控时，若SOE记录和遥信变位记录未正确匹配，系统会判定该开关无SOE匹配。

☆ 3.1 任务设置

⏰ 时　　间：小高入职 8 个月。

📋 任务描述：一个优秀的人，应懂得定期针对自己的
工作进行总结和反思。因此，本月初，小高决定针
对上月自动化的各项指标进行统计，并分析相关
数据。

◎ 任务目标：请帮助小高完成此次指标数据统计的操
作任务。

☞ 3.2 任务实施

3.2.1 指标考核计算方式

　　2017 年开始，国家电网采取指标考核方式对省公司配电自
动化建设、应用进行管控。指标考核计算方式为：

　　配电自动化应用指数 =（0.2 × 配电自动化覆盖率 + 0.2 ×
配电自动化终端在线率 + 0.2 × 遥控成功率 + 0.2 × 遥信动作
正确率 + 0.2 × 馈线自动化成功率）× 100 + 馈线自动化动作
次数加分 + 配电终端到货检测加分 - 信息安全问题扣分。

（1）配电自动化覆盖率 =0.6× 城网自动化线路覆盖率＋0.4× 农网自动化线路覆盖率。其中配电自动化覆盖率以 PMS2.0 中"大馈线"作为统计依据。

（2）配电自动化平均在线率 =0.5×（所有终端在线时长 / 所有终端应在线时长）＋0.5×（连续离线时长不超过三天个数 / 所有终端数量），终端在线率 95% 及以上得满分。

（3）遥控成功率 =0.7×（遥控操作成功次数 / 遥控操作总次数）＋0.3×（有遥控操作纪律开关数 / 具有三遥功能开关总数）。

（4）遥信动作正确率 = 所有开关遥信变位与终端 SOE 匹配记录总数 / 所有开关遥信变位记录数。

（5）馈线自动化成功率 = 馈线自动化成功执行事件数量 / 馈线自动化启动数量。

（6）故障判断处理加分：馈线自动化故障处理机制启动数量 / 全年招标配电终端（含远传故障指示器）设备量 ×10分。

（7）配电终端到货检测加分：配电终端全年到货检测数量 / 全年招标配电终端（含远传故障指示器）设备总量 ×10分。

（8）信息安全问题扣分：定期扫描发现漏洞数量 / 总到秒数量 ×10分；每出现一次网络信息安全七级设备事件扣 10分。

（9）未成立配电自动化班的地市公司扣10分。

（10）配电自动化建设应用指数按月统计，按季度、年度考核月平均分。

3.2.2 指标查询模块设置

步骤一

通过"sys_exam"命令，打开指标查询界面。

步骤二

点击"系统设置" ，对指标查询模块参数进行设置。

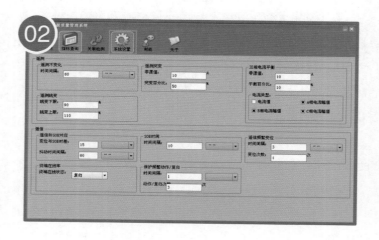

3.2.3 指标查询操作步骤

3.2.3.1 终端在线率、遥控成功率、遥控使用率、遥信正确率查询方法

步骤一

点击"指标查询" ▣ ，进入指标查询界面。

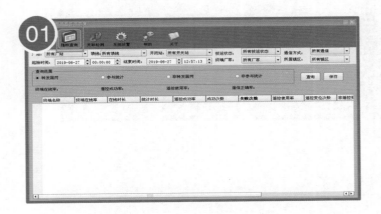

步骤二

选择查询时间、查询区域、查询范围后，点击"查询"。

步骤三

查看查询结果，可对终端在线率的结果进行筛选、排序。

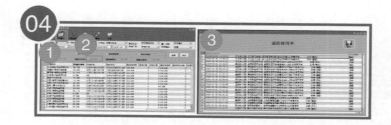

步骤四

遥控成功率、遥控使用率、遥信正确率的具体信息需点击指标数据查看。

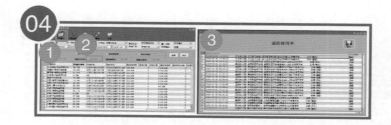

3.2.3.2 FA 成功率查询

步骤一

点击"系统检测" 🖼，进入指标查询界面。

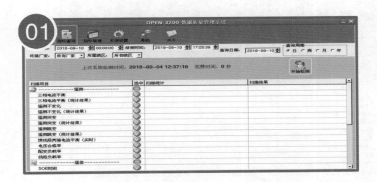

步骤二

选择查询时间、查询区域、查询内容后，点击"开始检测"。

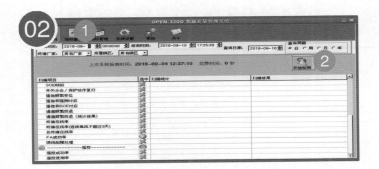

步骤三

查看 FA 成功率指标，点击指标数据查看具体信息。

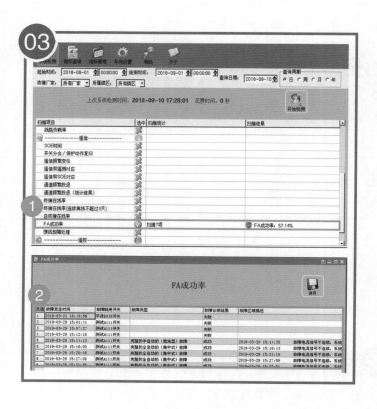

✑ 3.3 小编经验

　　若要区分不同区域的配电自动化指标,需正确维护"配电网终端信息表"中的"所属区域"。

　　系统判定开关遥信变位与 SOE 不匹配的原因:

（1）开关遥信变位或 SOE 信息至少有一条记录缺失。

（2）开关遥信变位时间与 SOE 时间相差 15s 以上。

（3）开关遥信变位与 SOE 信息不匹配。

（4）开关遥信变位时间早于 SOE 时间。

3.4 任务挑战

问题一：（填空题）在计算配电自动化平均在线率时，终端在线率达 ___% 以上可以记为满分。

【答案】95

【解析】知识点——配电自动化平均在线率

配电自动化平均在线率 =0.5×（所有终端在线时长 / 所有终端应在线时长）+ 0.5×（连续离线时长不超过三天个数 / 所有终端数量），终端在线率 95% 及以上得满分。

问题二：（简答题）系统判定开关遥信变位与 SOE 不匹配的原因有哪些？

【答案】系统判定开关遥信变位与 SOE 不匹配的原因：

（1）开关遥信变位或 SOE 信息至少有一条记录缺失。

（2）开关遥信变位时间与 SOE 时间相差 15s 以上。

（3）开关遥信变位与 SOE 信息不匹配。

（4）开关遥信变位时间早于 SOE 时间。

【解析】知识点——开关遥信变位与 SOE 不匹配原因分析。

问题三：（多选题）目前，国家电网对配电自动化建设的考核指标有（   ）。

A. 终端在线率　　　　　　　　B. 遥控使用率

C. 遥控成功率　　　　　　　　D. 遥信正确率

E.FA 成功率　　　　　　　　　F. 终端在线时间

【答案】：ACDE

【解析】知识点——配电自动化指标考核

指标考核计算方式为：配电自动化应用指数＝（0.2×配电自动化覆盖率＋0.2×配电自动化终端在线率＋0.2×遥控成功率＋0.2×遥信动作正确率＋0.2×馈线自动化成功率）×100＋馈线自动化动作次数加分＋配电终端到货检测加分－信息安全问题扣分。

4. 馈线自动化应用

情景分析

二十年前，配电线路故障都靠人工查找，耗费大量人力和时间，恢复供电需要一天时间。现在依托馈线自动化技术，可在1分钟之内实现故障点隔离和非故障区域的供电。

4.1 任务设置

⏰ 时　　间：小高入职 10 个月。

📋 任务描述：晚上 08：00，xx 小区停电，正值用电高峰期，为保障用户正常用电，小超让小高尽快查找原因，处理故障。

◎ 任务目标：请协助小高查看馈线自动化的运行状态、定位故障并进行处理。

4.2 任务实施

4.2.1 简述

4.2.1.1 馈线自动化的实现方式

1. 集中式馈线自动化

由主站通过通信系统来收集所有终端设备的信息，并通过网络拓扑分析，确定故障位置，通过遥控实现故障区域的隔离和恢复非故障区域的供电。集中式馈线自动化又可以分为全自动馈线自动化和半自动馈线自动化。

2. 就地式馈线自动化

就地式馈线自动化是指在配电网发生故障时，不依赖配电主站控制，通过配电终端相互通信，保护配合或时序配合，实现故障区域的隔离和非故障区域供电的恢复，并上报处理过程及结果。

就地式馈线自动化按照是否需要通信配合，又可分为智能分布式馈线自动化和不依赖通信的重合式馈线自动化，如分支分界型、电压时间型、电压电流时间型以及其改进型等。

4.2.1.2 各种实现方式比较

比较内容	模式类型			
	就地式馈线自动化		集中式馈线自动化	
	重合器方式	智能分布式	半自动方式	全自动方式
通信通道	无	必须	必须	必须
控制技术方式	就地控制，不依赖通信，通过重合闸、分段器顺序重合隔离故障和非故障段恢复供电	就地控制，终端与终端之间通过对等通信交换数据，由主站遥控实现快速故障隔离和恢复供电	主站集中控制，实现配电网全局性数据采集与控制，通过终端信息采集完成故障识别，人工遥控实现隔离和非故障区恢复供电	主站集中控制，实现配电网全局性数据采集与控制，通过终端信息采集完成故障定位，自动遥控实现隔离和非故障区恢复供电
适合供电区域	农村、城郊架空线路	城市接有重要敏感负荷的电缆及以电缆为主的混合线路，供电可靠性要求高的骨干网络	市中心区的架空、电缆线路	

4.2.1.3 FA 运行模式

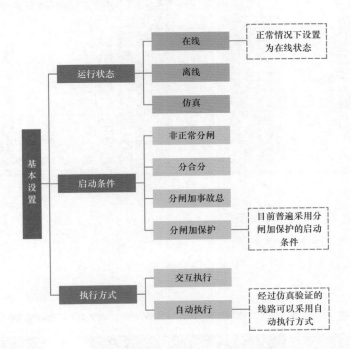

4.2.2 基本操作

4.2.2.1 馈线自动化运行状态查看

1. 通过数据库查看

在断路器 DA 控制模式表中，可查看馈线的运行状态及执行模式。

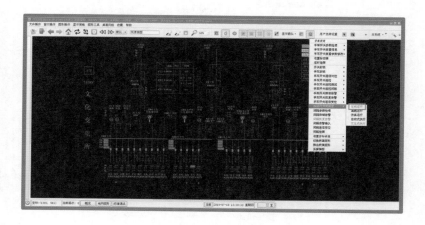

2. 通过变电站图查看

右击 10kV 出线开关处，选择"DA 运行方式设定"可查看当前馈线的 FA 运行状态及执行模式。

4.2.2.2 馈线自动化历史记录查询

每一次馈线自动化动作情况均会在系统中存档，运维人员后续可对记录进行查询及分析。掌握馈线自动化历史记录的查询方法，是提升馈线自动化应用水平的有效手段。

通过"da_assistant –his"命令，进入 FA 历史查询界面。点击左侧栏列表中任一记录，可在右侧查看其具体故障信息。

故障综述界面：描述的是故障基本信息，其具体内容包括：

- **运行方式配置**：描述启动条件，执行方式，运行状态等信息。
- **故障区域判定**：描述系统判定的故障区域。
- **故障判断依据**：描述站点过流信号上送情况。
- **故障处理过程**：描述故障处理的执行过程。

事故反演： 具备故障反演功能。反演过程中可对故障处理步骤进行连续或单步执行。

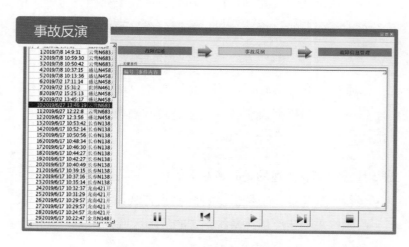

故障信息管理： 描述故障的详细信息，并可以对故障记录进行查询、导出、删除等操作。

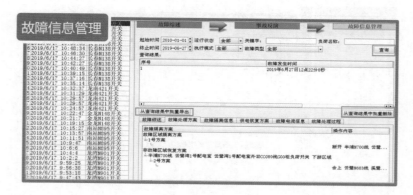

4.2.3 半自动 FA 应用

半自动 FA 是指线路 FA 程序处于在线、交互执行的状态。当故障发生时，馈线自动化程序自动分析，并以交互界面的形式展示分析结果，帮助调度员进行故障判断和处理。

步骤一

故障判断：当 10kV 出线开关跳闸，馈线自动化程序启动，经过延时后进行故障分析。

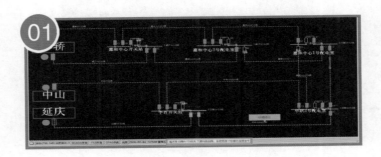

步骤二

方案生成： 馈线自动化程序完成故障判定后，自动弹出故障处理辅助决策界面。点击右侧按钮，可在系统图中查看相应的区域和方案。

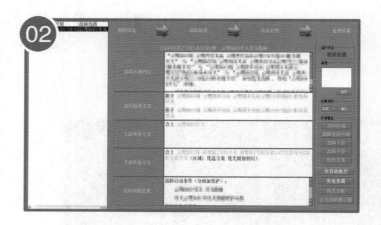

4.2.3.1 方案审核

调控员根据故障处理辅助决策界面提供的故障信息，可以快速定位故障区域。

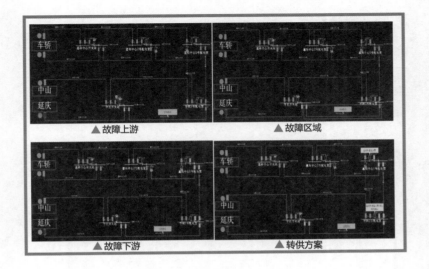

▲ 故障上游　　　　　　　　　　　▲ 故障区域

▲ 故障下游　　　　　　　　　　　▲ 转供方案

　　调控员审核故障区域隔离和非故障区域恢复方案，若方案正确，审核通过，可执行故障处理。

4.2.3.2 故障处理

步骤一

点击"故障隔离",进入故障隔离界面,对相应开关进行操作,完成故障隔离。

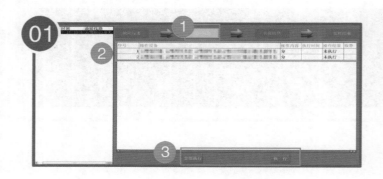

小贴士

点击"执行"进行单步操作;点击"全部执行"执行所有步骤。

步骤二

点击"负荷转供",进入转供界面。选择上方需要的转供方案，下方显示具体执行步骤，对相应开关进行操作，完成负荷转供。

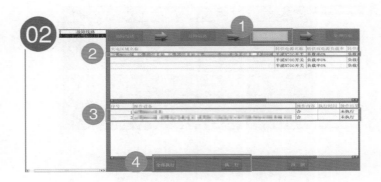

小贴士

当有多个转供方案时，系统会根据当前电网运行状态及转供线路负载率进行筛选，推选最优转供方案。

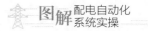

step骤三

点击"处理结束"，完成故障处理并归档。

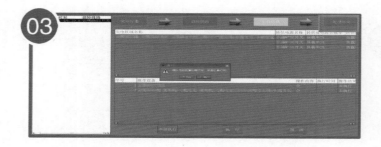

186

4.2.4 全自动 FA 管理

4.2.4.1 投运流程

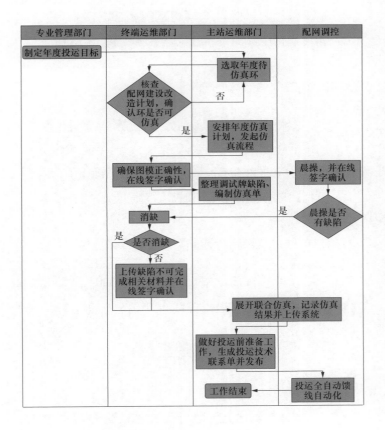

4.2.4.2 退出及重新投运流程

需要退出全自动馈线自动化运行的情况。

1. 停用重合闸的带电作业

开展带电作业前，作业线路、联络转供线路应退出馈线自动化全自动化运行。带电作业完成后，相关线路应立即重新投入馈线自动化全自动运行。

2. 引起运方改变的线路割接

线路割接工作施工前，所有异动线路退出馈线自动化全自动运行。割接施工结束、新系统图投运后，需对割接所涉线路的异动部分进行馈线自动化仿真试验，仿真试验结果正确后重新投入馈线自动化全自动运行。

3. 保供电线路（试运行期间）

在馈线自动化全自动试运行期间，保供电线路的相关联络线应退出馈线自动化全自动运行，保供电完成后重新投入。

4. 图实不符

馈线自动化全自动运行线路如被发现存在图实不符的问题，应立即退出馈线自动化全自动运行，待正确图模重新导入后，对更正部分进行馈线自动化仿真试验，仿真试验结果正确后方可重新投入馈线自动化全自动运行。

5. 误动

馈线自动化误动故障发生后，主站运维部门应立即分析误动原因。如果原因明确，如误动由变电站误遥信引起，应立即将误遥信线路退出馈线自动化全自动运行，待变电站侧消缺完成后再投入；如果误动由配电主站故障引起或暂时无法查明误动原因，应立即停用，待消缺完后才再投入。

6. 变电站出线间隔保护校验等工作

变电站出线间隔保护校验等工作前，工作线路应在工作前退出馈线自动化全自动运行，工作完成后，相关线路应立即重新投入馈线自动化全自动运行。

7. 其他情况

其他特殊情况需要退出馈线自动化全自动运行的，由当值调度员负责做好退投工作，并做好记录及通知。

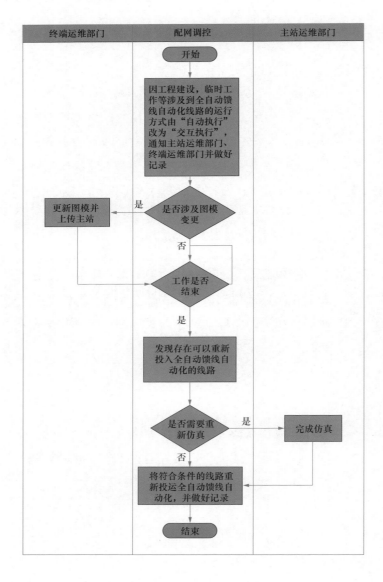

终端运维部门	配网调控	主站运维部门

开始

因工程建设，临时工作等涉及到全自动馈线自动化线路的运行方式由"自动执行"改为"交互执行"，通知主站运维部门、终端运维部门并做好记录

更新图模并上传主站 ← 是 — 是否涉及图模变更

否

工作是否结束

是

发现存在可以重新投入全自动馈线自动化的线路

是否需要重新仿真 — 是 → 完成仿真

否

将符合条件的线路重新投运全自动馈线自动化，并做好记录

结束

✍ 4.3 小编经验

半自动 FA 动作失败原因：

（1）线路拓扑异常，存在多电源。

（2）断路器上游有开关分闸或位置状态异常。

（3）断路器未关联保护或保护类型未设置动作。

全自动 FA 动作失败情况：

（1）隔离执行失败，全自动 FA 转半自动执行。

（2）转供执行失败，全自动 FA 转半自动执行。

（3）主网和配电网拓扑未拼接或拼接错误。短时间
（可自定参数 short_term_lock_time）同一个开
关二次跳闸（重合闸除外），全自动 FA 转半
自动执行。

📝 4.4 任务挑战

问题一：（多选题）以下（　　）馈线自动化方式必须具备通信通道。

A. 重合器方式　　　　　　　　B. 智能分布式

C. 全自动馈线自动化　　　　　D. 半自动馈线自动化

【答案】BCD

【解析】集中式馈线自动化（全自动馈线自动化、半自动馈线自动化）和就地式馈线自动化（智能分布式馈线自动化、重合式馈线自动化）的比较。

问题二：（简答题）半自动 FA 动作失败原因是什么？

【答案】半自动 FA 动作失败原因：

（1）线路拓扑异常，存在多电源。

（2）断路器上游有开关分闸或位置状态异常。

（3）断路器未关联保护或保护类型未设置动作。

【解析】知识点——半自动 FA 动作失败原因分析。

问题三：（简答题）全自动 FA 动作失败情况有哪些？

【答案】全自动 FA 动作失败情况：

（1）隔离执行失败，全自动 FA 转半自动执行。

（2）转供执行失败，全自动 FA 转半自动执行。

（3）主网和配电网拓扑未拼接或拼接错误。短时间（可自定参数 short_term_lock_time）同一个开关二次跳闸（重合闸除外），全自动 FA 转半自动执行。

【解析】知识点——全自动 FA 动作失败。

5. 消缺

✍ 5.1 任务设置

🕐 时　　间：小高入职一周年。

📋 任务描述：作为一名优秀的员工，就是要十八般武艺样样精通，上得了厅堂，下得了现场，写得出代码，查得出异常。这不，最近各式各样的配电自动化问题接踵而至，小高应接不暇。

◎ 任务目标：请帮小高解决下列问题，完成消缺。

◎ 5.2 任务实施

5.2.1 通道退出

发现问题	查明原因	解决方案
某配电网站点遥信遥测显示异常，鼠标放在开关上，质量码显示工况退出	原因1：由于通信通道中断引起站点退出：如光缆被外力破坏，通信设备故障	措施1：联系通信部门修复挖断的光缆，修复通信设备故障，及时恢复通信
	原因2：主站通道表参数（IP地址，通道规约等）设置错误；配电终端通道参数设置错误	措施2：正确设置通道表中的参数：IP地址与现场配电终端一致，通信规约与实际通信方式相符

发现问题	查明原因	解决方案
某配电网站点遥信遥测显示异常，鼠标放在开关上，质量码显示工况退出	原因3：配电终端电源空气开关跳开或配电终端电源模块故障	措施3：合上配电终端电源空气开关，更换故障电源模块

5.2.2 通道频繁投退

发现问题	查明原因	解决方案
在短时间内，配电站所通道频繁出现投退现象	原因1：通信不稳定，特别是无线通信，受到干扰时会出现通道频繁投退	措施1：检查通信情况，及时消除干扰因素
	原因2：网口松动，引起通道频繁投退	措施2：牢固配电终端和通信终端的网线连接，仍然不能恢复的，更换网线
	原因3：IP地址或MAC地址冲突，相同IP或MAC地址的两台终端互相抢占通道资源，造成通道频繁投退	措施3：在配电主站配网通道表检查是否与此终端相同IP的站点

5.2.3 遥信坏数据

发现问题	查明原因	解决方案
主站画面中的开关颜色显示异常，鼠标放在开关上显示坏数据	原因1：配电终端接线松动或接线错误，使两个端子都为高电平（11）或都为低电平（00）	措施1：检查配电终端接线，将松动的接线可靠连接，修正错误接线
	原因2：配电主站遥信点号设置错误	措施2：查看配电主站遥信点号，正确配置开关遥信值、负荷开关辅助节点遥信值

5.2.4 遥信频繁变位

发现问题	查明原因	解决方案
在短时间内，开关出现多次遥信变位信息	原因1：配电终端遥信接线松动，导致接触不良	措施1：检查配电终端接线，将松动的接线可靠连接，修正错误接线
	原因2：配电终端接线端子受潮，使触点时通时断	措施2：加装除湿装置

5.2.5 过流信号上送异常

发现问题	查明原因	解决方案
当现场有过流产生时，主站和现场均未收到过流告警信号	原因1：主站数据库中点号录入不正确	措施1：查看数据库中前置遥信定义表中对应间隔开关过流故障的遥信值点号，若不正确，则将点号修改正确后保存
	原因2：通信不正常，导致过流信号未上送	措施2：查明通信异常原因，及时修复
	原因3：终端设置时，此间隔的过流整定值设置过大，所加电流未满足过流条件，导致虽收到遥测值，没有触发过流信号	措施3：现场运维人员在终端设备上将过流整定值设置正确，重新加过流进行测试
	原因4：三相TA只装了A\C两相，但现场只发生了B相过流	措施4：完成B相TA的安装
	原因5：当失去交流供电时，蓄电池未及时向终端供电，导致站点退出，过流信号无法上送	措施5：首先恢复交流供电，之后更换电源模块

5.2.6 全站遥信信号与现场实际情况不一致

发现问题	查明原因	解决方案
主站发现某站点遥信信号状态与现场实际情况不一样 ——若全站遥信信号状态与实际状态都不一致	原因1：站点IP发生冲突。主站和终端需有唯一的IP——对应，在通信正常的情况下，主站才能正确显示终端的遥信状态	措施1：检查配电终端接线，将松动的接线可靠连接，修正错误接线
	原因2：遥信起始位不正确。遥信起始位有1和21两种，主站与现场需设置一致才可正确显示遥信状态	措施2：查看配电主站遥信点号，正确配置开关遥信值、负荷开关辅助节点遥信值
主站发现某站点遥信信号状态与现场实际情况不一样 ——若站点个别间隔遥信信号状态与实际状态不一致	原因1：终端遥信接线不正确。	措施1：现场运维人员改正遥信接线错误
	原因2：主站数据库中点号录入不正确	措施2：主站查看数据库中前置遥信定义表中对应间隔开关遥信值和辅助节点遥信值点号。若不正确，则将点号修改正确后保存

5.2.7 电缆两端电流实测值显示不一致

发现问题	查明原因	解决方案
主站侧发现某条电缆两端显示的电流实测值不平衡，数值呈比例或不成比例	原因 1：若某条电缆两端的电流实测值呈 2:3 的比例，则有可能是主站侧 TA 变比设置错误	措施 1：到现场查看两个间隔 TA 变比，并与主站确认，若确认主站设置不匹配，则在配电网前置遥测定义表中修改
	原因 2：若某条电缆两端的电流实测值不成比例，可能是现场 TA 没有安装到位，有漏磁产生	措施 2：检查现场 TA 安装情况是否符合要求，进行消缺
	原因 3：间隔与电流值关联错误	措施 3：将间隔与电流值重新进行关联

5.2.8 电池电压异常

发现问题	查明原因	解决方案
电池电压显示为零	原因 1：蓄电池接至终端的连线松动	措施 1：将蓄电池至终端的连接线接紧
	原因 2：主站数据库中点号录入不正确	措施 2：主站查看配网前置遥测定义表中电池电压所对应的点号。若不正确，则将点号修改正确后保存

发现问题	查明原因	解决方案
电池电压显示为零	原因 3：遥测板件坏	措施 3：及时更换遥测板件
	原因 4：电池被盗	措施 4：加强终端监管力度，加强配电房人员进出管控
电池电压低于标准值	原因 1：蓄电池老化	措施 1：定期开展蓄电池活化工作，加强蓄电池运维力度，及时排查、更换异常蓄电池
	原因 2：电源模块损坏	措施 2：及时更换电源模块

5.2.9 遥控时预置超时

发现问题	查明原因	解决方案
遥控预置时显示"失败，预置超时"	原因 1：主站正确下达预置命令后，终端未收到预置信息或终端收到预置信息却未发送返校信息，导致预置超时	措施 1：若终端未收到预置信息，确认通信是否正常，若通信异常则需联系通信部门消缺；若终端收到预置信息却未发送返校信息，需终端确认配置是否正确，若不正确及时修正

发现问题	查明原因	解决方案
遥控预置时显示"失败，预置超时"	原因2：终端远方、就地切换开关在就地或闭锁位置，或是开关远方端子接线松动，导致实际并未将终端切换至远方位置	措施2：将远方、就地切换开关切换至远方位置或将远方、就地切换开关接线接紧

5.2.10 遥控时监护界面无法弹出

发现问题	查明原因	解决方案
调度员在遥控过程中，点击"发送"，遥控监护界面无法弹出,显示等待界面"请等待监护员确认"，一段时间后显示"监护员拒绝"	原因1：监护节点与目前的工作站不对应	措施1：点击监护节点下拉菜单，选择监护节点与当前工作站一致，点击发送，监护界面便会弹出当前页面
	原因2：由于本机上遥控监护进程（dms sca guard）未启动引起监护面无法弹出	措施2：若监护节点设置正确，可通过将（dms sca guard）进程重启来消缺

5.2.11 遥控失败

发现问题	查明原因	解决方案
遥控后系统反馈遥控失败。 ——若实际开关未动作	原因 1：终端或一次设备故障——现场查看故障原因，通过分段测试的方法，确定故障设备	措施 1：更换损坏部件
	原因 2：通道退出——通过分段测试的方法，确定故障设备。可能故障情况——通信光缆中断，通信设备故障，自动化终端通信板件故障	措施 2：对故障设备进行维修或更换
	原因 3：主站侧配置原因，如显示遥控参数未定义	措施 3：修改主站数据库中配置
遥控后系统反馈遥控失败。 ——若实际开关动作	原因 1：通信异常	措施 1：查看通信运行情况，是否存在遥控期间遥信变位数据传输过慢的现象
	原因 2：终端设备故障	措施 2：检查遥信回路

5.2.12 遥控错位

发现问题	查明原因	解决方案
遥控的开关与实际动作的开关不一致	原因1：主站或终端点号设置错误	措施1：检查配电网下行遥控信息表中终端遥控点号，遥控间隔的点号是否错填为其他间隔的点号
	原因2：主站或终端IP设置错误	措施2：检查配电网通道表中终端IP设置，遥控间隔所属站点的IP是否错填为其他站点的IP
	原因3：终端接线错误	措施3：检查终端接线情况，遥控间隔是否错接到其他开关上

5.2.13 开关误动

发现问题	查明原因	解决方案
现场开关在无任何遥控指令操作的情况下，发生动作	原因1：如果是有源终端设备，则可能为遥控命令线受到误触发	措施1：清查控制回路的遥控命令线

发现问题	查明原因	解决方案
现场开关在无任何遥控指令操作的情况下，发生动作	原因2：如果是无源终端设备，在"遥控预置"开放电机电源后开关发生动作，则可能为终端线路串线	措施2：检查终端接线情况，遥控命令线是否与电机电源线串接

5.2.14 馈线自动化程序无法启动

发现问题	查明原因	解决方案
现场负荷开关在无任何遥控指令操作的情况下发生动作	原因1：服务器未正常工作，馈线自动化相关进程应用未正常运行，导致无法及时正确启动	措施1：重启服务器或相关进程应用
	原因2：主站数据库未进行相关配置或配置有误	措施2：正确配置数据库中相关信息表
	原因3：10kV出线开关跳闸信号或过流信号未正确上传，不满足馈线自动化的启动条件	措施3：联系变电检修单位，进行相关设备消缺

发现问题	查明原因	解决方案
现场负荷开关在无任何遥控指令操作的情况下发生动作	原因 4: 10kV 出线开关过流信号关联错误或未关联,导致过流信号虽正确上传,系统接收到错误的过流信号	措施 4: 修改开关过流信号关联设置,并重启 faTopoService 等相关进程

5.2.15 馈线自动化故障判断错误

发现问题	查明原因	解决方案
某条线路跳闸后,馈线自动化启动,但方案不正确	原因 1: 图形拓扑错误	措施 1: 进行图形校验,与实际配电网运行网架进行对比,修改错误图形;如图形正确,进行拓扑校验,对节点号校正
	原因 2: 开关过流信号未上传	措施 2: 对现场设备进行消缺
	原因 3: 开关过流信号关联错误或未关联,导致过流信号虽正确上传,系统接收到错误的过流信号	措施 3: 修改开关过流信号关联设置

发现问题	查明原因	解决方案
某条线路跳闸后，馈线自动化启动，但方案不正确	原因4：上一次动作故障的过流信号未及时复归，出现不属于此次故障的过流信号	措施4：手动进行过流信号复归

5.2.16 馈线自动化故障恢复错误

发现问题	查明原因	解决方案
馈线自动化故障判断正确，但执行失败。（若为自动化开关）	原因1：主站遥控相关信息表设置错误，遥控失败或遥控错位	措施1：检查遥控相关信息表确保IP、点号、开关节点号、遥控配置等相关信息正确
	原因2：通道退出	措施2：参考通道退出案例
	原因3：终端设备故障或接线错误，遥控失败或遥控错位。	措施3：进行终端消缺，检查终端设备板件是否正常、接线情况是否正确、电操是否正常

发现问题	查明原因	解决方案
馈线自动化故障判断正确，但执行失败	原因：若为非自动化开关，则有可能为馈线自动化程序参数设置原因，如果将馈线自动化程序设置成"故障定位之后，如果隔离开关无遥控功能，则不进行向外扩展"，就会导致需遥控非自动化开关时，程序未继续执行	措施：检查馈线自动化程序参数设置，是否有跳过非自动化开关的功能。如没有，则需将 Sel_can_yk_only 参数设置为 0（隔离开关无遥控功能，则进行向外扩展）

6. 延伸阅读

区域系统图是供电区域的详细展现，根据一定的布局规则自动生成，经过人工调整符合实际需要使用的图形。

区域系统图主要展现配电网主干线路和环网线路的网架结构，一般只生成线路主干设备和站内间隔，并对线段进行简化合并，尽量降低图形的复杂度，保证一个屏幕内能完整显示一幅图形，提高图形的实用性，使得浏览和应用时不需要多次点击或切换屏幕，便于生产和抢修快速浏览，提高工作效率。

6.1 宁波区域系统图成图问题探索及提升

6.1.1 问题背景

现有新一代主站架构体系中，主站中使用的图形及拓扑数据均来自 PMS2.0 系统。在 PMS2.0 中使用的区域系统图均是系统根据拓扑结构组合成图。然而由于宁波供电公司复杂的配电网网架结构，一张系统图内可能会涵盖几十条线路，几百座 10kV 站点，从而造成图形混乱无法看清，因此这套规则无法满足宁波配调的使用要求。

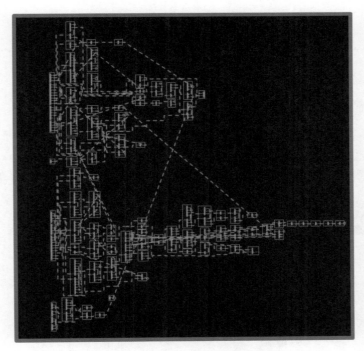

▲ PMS2.0 系统图成图

6.1.2 问题解决

为解决现有问题，开发自动成图系统用于区域系统图的成图，采用人为分割系统环的方法减小系统图的图幅，以便提高系统图的实用性。

自动成图系统的区域系统图成图流程如下。

步骤一

线路设备主人根据线路的联络强度及站点数量，人为将适量的几条线路组成为一张区域系统图。

步骤二

在自动成图系统中选线成环，生成图形。

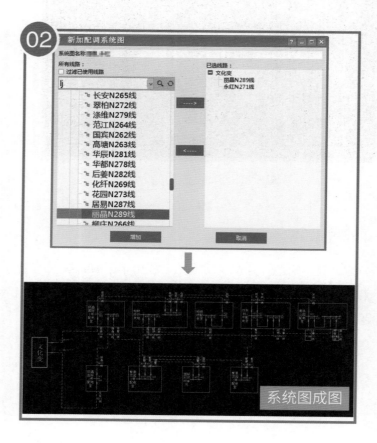

步骤三

核对拓扑，标记分割点开关，生成跳转点。

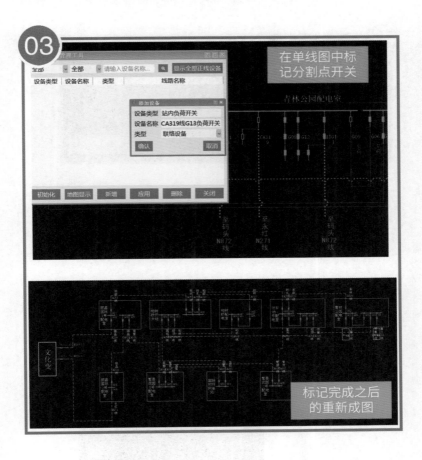

步骤四

将图形发送至主站。

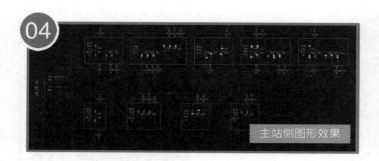

主站侧图形效果

6.1.3 相关提升

（1）实现区域系统图的分割，提高实用性。

（2）提高了成图效率。在 PMS2.0 中一幅区域系统图成图需要 3~5min，加上图形美观性调整需要半天到一天；而在自动成图系统中一幅区域系统图成图只需要几十秒，加上调整的时间只需 5~30min。

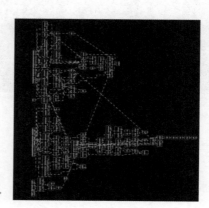

PMS2.0
成图效果▶

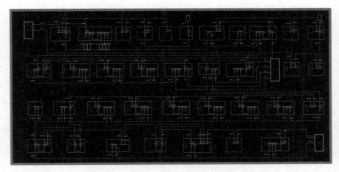

▲ 自动成图系统成图效果

（3）提升 PMS2.0 数据质量。由于 PMS2.0 系统中存在各个单位数据的端子号重复问题，导入到主站后会出现节点号重复的情况，造成拓扑混乱，影响系统应用。由于自动成图系统是取主站数据用于成图，因此可以在成图过程中提前发现拓扑串点问题，反向提升 PMS2.0 的数据质量。

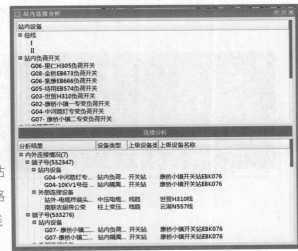

北仑的开关站
与江北的线路
云湖 N557 线
拓扑串点▶

（4）区域系统图的异动流程。由于架构设计原因，PMS2.0 系统中导出的都是以单线图为单位的模型，而在主站侧只有在导入模型的时候才实现红黑图的异动流转，因此宁波供电公司在自动成图系统中设计了区域系统图的异动流程。

▲ 单线图模型异动关联到系统图

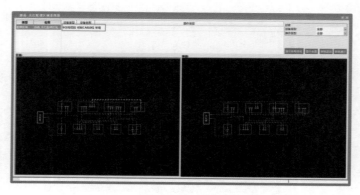

▲ 运方审核

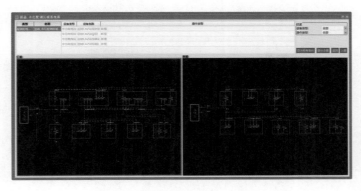

▲ 当值调度审核

第四篇　配电自动化数据跨区共享

在你的帮助下，小高对配电自动化的建设和运维工作逐渐开始上手，与此同时，开始接触配电自动化数据跨区共享工作的小高，又会遇到哪些问题呢？让我们一起帮小高完成这最后一道关卡的考验吧！

CHAPTER
04

1. EMS 至配电主站 I 区数据共享
2. 配电主站 I 区至Ⅳ区数据共享
3. 配电主站Ⅳ区至 I 区数据共享

情景导入

要是在办公电脑上能看到变电站数据，就好了。

无法查看变电站数据

内网电脑

哦?!

当然可以了！看我的！

搞定！

哇！有数据了！师傅，你是怎么做的，求指教!!

情景分析

如果要在Ⅳ区看变电站和配网设备遥信和遥测数据，需要通过数据库的配置将Ⅰ区数据转发到Ⅳ区。

1. EMS 至配电主站 I 区数据共享

根据新一代配电自动化系统功能需求，能量管理系统（Energy Management System, EMS）需将变电站以下数据传送至配电主站 I 区。

1.1 变电站图模数据

（1）变电站 SVG 格式的图形文件。
（2）变电站 XML 格式的模型文件。

1.2 变电站遥测遥信数据

必须数据 ——EMS 必须传送至配电 I 区的数据	扩展数据 ——在条件允许情况下宜传送至配电 I 区的数据
• 变电站出线开关合位信号 • 变电站出线线路保护动作信号（合成的单个信号）或间隔事故信号（开关分位与保护动作合成信号） • 变电站低压侧各段母线接地信号 • 变电站出线开关 A 相电流	• 变电站出线开关三相电流 • 变电站出线开关有功功率、无功功率 • 变电站低压侧各段母线三相电压 • 变电站出线开关手车位置

2. 配电主站 I 区至 IV 区数据共享

根据配电主站 IV 区的功能需求，配电主站 I 区需将以下数据传送至配电主站 IV 区。

📋 2.1 变电站数据

配电主站 I 区从 EMS 系统接收的变电站遥测遥信数据。

▲ IV 区主站界面

📋 2.2 开关站／环网柜数据

（1）开关跳位、合位信号，DTU 送至配电主站 I 区的开关位置信号均需转发至 IV 区。

（2）开关电流遥测数据，DTU 送至配电主站 I 区的开关电流遥测数据均需转发至 IV 区。

（3）DTU 过流信号及 DTU 接收到的保护动作信号。

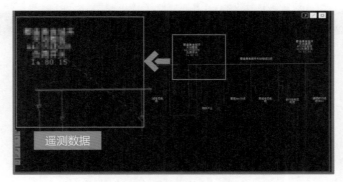

▲ Ⅳ区主站界面

🗒 2.3 区图模及 DTU 台账数据

（1）DTU 台账数据，包括资产 ID、地址分配、所属开关站、所属局、所属县、终端厂家、终端类别、所属线路、通信方式、是否参与统计、是否转发至国网。

（2）线路单线图的图模数据，包括单 SVG 格式的图形文件、XML 格式的模型文件。

🗒 2.4 其他数据

（1）主站遥控操作信息，包括遥控成功、遥控失败。

（2）DTU 投退信息，包括终端投入、终端退出。

（3）FA 结果信息，包括故障发生时间、变电站跳闸开关 ID、故障点起始开关 ID、故障点终止开关 ID、故障点区段描述。

（4）挂摘牌信息，包括配电网调度实际需要的检修牌、调试牌、故障牌等。

3. 配电主站Ⅳ区至Ⅰ区数据共享

根据配电主站Ⅰ区的功能需求，配电主站Ⅳ区需将以下数据传送至配电主站Ⅰ区。

3.1 智能开关数据

（1）智能开关保护动作信号，包括过流保护动作、接地保护动作。

（2）智能开关合位信号。

（3）智能开关三相电流遥测数据。

3.2 故障指示器数据

（1）故障指示器翻牌信号。

（2）故障指示器三相电流遥测数据。

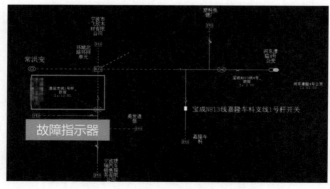

▲ Ⅰ区主站界面

附录　5200 常用指令合集

序号	描述	指令
1	总控台	sys_console
2	主画面	GExplorer -login
3	点号工具	dms_create_dot
4	远程登录	ssh+ 机器名
5	实时报文	dfes_rdisp
6	实时数据	dfes_real
7	实时库	dbi
8	点号工具 (红图态下)	dms_create_dot_red
9	工作站启动	sys_ctl start fast
10	服务器启动	sys_ctl start down
11	工作站 / 服务器停止	sys_ctl stop
12	系统管理	sys_adm
13	权限管理	priv_manager
14	责任区管理	resp_manager
15	配电网模型导入	dms_model_importor
16	配电网刷图	cim_svgimp_pms_app -ui

序号	描述	指令
17	主网模型导入	cimxml_importor -fac
18	主网刷图	cim_svgimp_cmd -ui
19	红黑图流程	dms_g_manager
20	告警查询	alarm_query
21	告警定义	alarm_define
22	告警窗	iapi
23	指标查询	sys_exam